工程机械机群智能化运用

何晓晖　杜毛强　等著

北　京

冶　金　工　业　出　版　社

2023

内 容 提 要

本书共6章，主要内容包括工程机械技术特性与任务分析、工程机械机群优化配置方法、工程机械机群动态调度方法、工程机械机群智能化运用与决策系统和工程机械机群智能化运用与决策系统应用等。

本书可供工程机械机群智能化研究领域的科研人员、管理人员阅读，也可供高等院校机械工程专业及相关专业的师生参考。

图书在版编目（CIP）数据

工程机械机群智能化运用／何晓晖等著 . —北京：冶金工业出版社，2023.9

ISBN 978-7-5024-9633-3

Ⅰ.①工… Ⅱ.①何… Ⅲ.①智能技术—应用—工程机械—研究 Ⅳ.①TH2-39

中国国家版本馆 CIP 数据核字（2023）第 177796 号

工程机械机群智能化运用

出版发行	冶金工业出版社	电　话	（010）64027926
地　址	北京市东城区嵩祝院北巷 39 号	邮　编	100009
网　址	www.mip1953.com	电子信箱	service@ mip1953.com

责任编辑 王梦梦　美术编辑 吕欣童　版式设计 郑小利
责任校对 郑 娟 责任印制 禹 蕊
三河市双峰印刷装订有限公司印刷
2023 年 9 月第 1 版，2023 年 9 月第 1 次印刷
787mm×1092mm　1/16；13 印张；307 千字；196 页
定价 85.00 元

投稿电话 （010）64027932 投稿信箱 tougao@cnmip.com.cn
营销中心电话 （010）64044283
冶金工业出版社天猫旗舰店 yjgycbs.tmall.com
（本书如有印装质量问题，本社营销中心负责退换）

前　　言

19世纪末期至今，以计算机技术、智能控制技术为代表的自动化技术得到了飞速发展。各种新技术、新工艺、新设备不断推出，并广泛地应用在工程机械领域，使得工程机械产品的性能、效率和自动化程度都得到了大幅度提升。机群智能化便是在这种时代背景下产生的一种产品，它也是在现代化工程领域应用最为广泛的一项技术。

工程机械机群智能化运用的概念是在计算机技术、智能优化算法的基础上形成的，是随着工程机械单机智能化技术的成熟而发展的一个系统模式。工程机械智能化在过去被人们普遍认为是特种机器人，它通常工作在非结构环境下且工作环境复杂、危险性大的区域，这就增加了其智能化控制的难度。经过多年的研究分析，截至目前，世界上只有美国、加拿大、英国、德国等发达国家有这种机群智能化技术，因此，开发工程机械机群智能化技术对我国提高工程施工速度、施工效率和施工安全有着重要意义。

本书是鉴于工程机械机群运用缺乏系统性计算分析的现状，破除以往机群指挥运用主要依靠经验判断决策，难以充分发挥机群最大作业效率的弊端，为合理运用工程机械机群提供技术与平台支持而撰写，主要内容包括工程机械机群智能化运用相关理论、仿真分析与系统验证方法等。本书可供工程机械智能化研究领域的科研人员、管理人员阅读，也可供高等院校机械工程专业及相关专业的师生参考。

本书的撰写参考了一些相关技术文献资料，在此对文献作者一并表示感谢。

本书由何晓晖、薛金红、张详坡、邵发明、储伟俊、周春华、殷勤、赵杰、杜毛强、李可奇、王辉、刘卫军、曹巍、李峰、田静、曾波、杨峰等人撰写。全书由何晓晖统稿。

由于作者水平所限，书中不足之处，恳请专家、学者批评指正。

作　者
2023年1月

目　　录

1 绪 论

1.1 工程机械运用模式

工程机械在执行大型工程任务过程中，通常是以机群的形式，通过多机协调、联合作业，共同完成某一个工程任务[1]。所谓的机群就是由多台不同功能的工程机械组成的系统，涉及多种型号、多台装备、多点作业的技术保障与工程管理问题，机群的优化配置与调度水平，直接决定着执行工程任务的进度、质量和效益。而在传统的工程机械运用过程中，工程技术人员通常是依据多年工作经验、工程机械的选用原则及机械用量的一般计算方法来确定的。没有考虑到多种型号、多点作业时工程机械匹配与调度的最优化问题，这往往会导致整个机群的配置不合理、调度不及时，进而制约生产力。因此，针对机群智能化运用进行研究，可以为合理运用工程机械提供技术与平台支持，对工程装备的论证、研制、试验都具有重要的理论意义和实用价值。

1.2 机群智能化运用方法的发展

随着科技发展进步，"智能化"这一概念越来越广泛。智能化是指事物在计算机网络、自动控制和人工智能等技术的支持下，所具有的能满足人的各种需求的属性。工程机械机群的智能化运用，主要是实现机群的优化配置和动态调度。其智能化运用方法研究经历了线形规划法、多智能体技术、群智能算法三个阶段。

1.2.1 线形规划法

线性规划法是在第二次世界大战中发展起来的一种重要的数量方法，是企业进行总产量计划时常用的一种定量方法。该方法在理论上最完善，实际应用最广泛，主要用于研究有限资源的最佳分配问题，即如何对有限的资源做出最佳方式的调配和最有利的使用，以便最充分地发挥资源的效能来获取最佳的经济效益。

线性规划是运筹学的主要的分支之一（运筹学的主要分支有线性规划、非线性规划、动态规划和图与网络分析等），无论运筹学的理论研究还是算法研究，都把线性规划作为重要的研究对象。因为线性规划是运筹学的各个分支中最早建立的分支，同时也是其他分支的基础。线性规划主要有两个方面的内容：一是做出一个好的计划，另一个是找到一个简洁有效的计算方法。线性规划中规划的意思就是要做好一个计划，这里需要强调的是众多学者的目标在于如何制订计划，而不在于如何执行或实施计划。人们把这些有关学问所形成的整个领域称为"规划"，进一步着重考虑极大化或极小化问题时用"最优规划"这个名称。数学规划所考虑的问题是如何按照最好可能（最优）的方式计划一系列相互关联的活动的集合体。这个数学规划的目标函数和约束函数全部是线性函数，就称这个规划为线性规划。对于求解线性规划来说，经典的求最值方法无能为力，因此求解线性规划寻优问题显得非常重要。求解线性规划问题的单纯形法的创建标志着线性规划的诞生。20 世纪 30~40 年代应用数学具有适宜生长的土壤，与其他的应用数学分支一样线性规划从诞生之日起在应用范围内就大显身手。线性规划在短短的几年时间内被应用到 30 多个国家的经济、金融和军事等领域。

线性规划法在解决寻优问题上效率较高，但是该方法通常将复杂的问题进行简化表示，即在构建机群优化配置模型时重点在于将工程机械的任务目标和约束条件线性化，构建的数学模型难以调整。因线性模型在解决机群的配置问题时，将机群的作业率进行线性叠加，所表示的模型通常不够准确。

1.2.2 多智能体技术

多智能体技术[2]（multi-agent technology）的研究起源于 20 世纪 80 年代并在 90 年代中期获得了广泛的认可，发展至今，已成为分布式人工智能领域中的一个热点话题，其智能性主要体现在感知、规划、推理、学习及决策等方面。多智能体系统（multi-agent system）的目标是让若干个具备简单智能且便于管理控制的系统能通过相互协作实现复杂智能，使得在降低系统建模复杂性的同时，提高系统的鲁棒性、可靠性、灵活性。目前，采用智能体技术的多智能体系统已经广泛应用于交通控制、智能电网、生产制造、无人机控制等众多领域。

从 20 世纪 70 年代出现分布式人工智能后，早期的研究人员主要将研究重心放在分布式问题求解中，试图在系统设计阶段便确定系统行为，对每个智能体预先设定各自的行为。但这种封闭性和确定性的设计理念使得系统的自适应性、鲁棒性和灵活性等方面表现不足，限制了 DAI 的工程应用。20 世纪 80 年代，研究人员逐渐将重心转移到多智能体系统，在智能体分析建模上不再基于确定行为的假设，Rao 在 Bratman 的哲学思想的基础上提出了面向智能体的 BDI（Belief-Desire-Intention）模型，使用信念-愿望-意图哲学思想描述智能体的思维状态模型，刻画了最初的 MAS 系统智能体的行为分析，提高了智能体的推理和决策能力。与此同时，相关研究学者为了解决传统的分布式问题求解领域无法很好地对社会系统进行建模等相关问题，也将注意力集中在智能体社会群体属性上，从开放的分布式人工智能角度出发，重点研究多智能体的协商和规划方式，如 G. Zlotkin 和 J. Rosenechein 提出的基于对策论的协商策略，使得各智能体在仅拥有局部信息的前提下依旧可以进行冲突消除，麻省理工大学的 S. E. Conry 等人提出的多级协商协议同样是使用局部信息对非局部状态的影响进行推理，以适应环境的改变。

多智能体技术主要用于系统的控制决策，提高系统的鲁棒性、可靠性、灵活性，因此几乎所有涉及智能推理、规划决策、协同控制等领域的相关问题均可以通过多智能体技术来处理。目前，多智能体在各领域应用所面临的主要问题包括：（1）多智能体技术与现有系统的兼容性问题；（2）多智能体分布式控制算法复杂，对设备的通信、计算等资源要求过高；（3）多智能体系统对复杂环境的抗干扰能力稍显不足。

1.2.3 群智能算法

随着社会的发展，出现了许多复杂的优化问题亟待广大学者解决。这些问题往往是 NP-hard（Non-deterministic Polynomial Time Problem，不能或不确定能不能在多项式时间内解决的问题）的，传统的数学工具不再适合求解这类问题。人们开始寻求更加有效的求解算法，对于小规模的问题出现了隐枚举法、分支定界法、动态规划等方法，这些算法可以称之为运筹学算法，这些方法仅仅对于较小规模的问题行之有效。随着计算智能的发展，人们开始尝试新的方法，神经网络网络法、遗传算法等启发式方法开始走向实际的应用。但是这些方法应用比较复杂，参数设置较多，制约了其更加广泛的应用。群智能是模拟生物界群体活动的一类算法，这类算法原理简单，参数设置较少，寻优效果较好，越来越受到关注。

群智能算法首先要对个体进行编码，编码方式一般采用十进制方式，这也是群智能算法相对于遗传算法的简便之处。群智能算法和遗传算法的相同之处为：（1）都有一个适应度函数，这是判断个体优劣的基本指标，通过个体优劣的判断使得群体向着更好地适应度方向进化；（2）都具有一种源于生物群进化的更新策略；（3）都需要一定次数的迭代。

群智能重点关注方向是个体的更新策略。个体的更新要兼顾全局和局部的搜索特性，搜索步长的选取是改进的重点。首先需要使得搜索具有全局性，能够搜索到整个解空间，其次需要加强局部搜索能力，快速获得最优解。一般的方法是采用变步长的方式和随机生成新个体两种方式。目前的变步长的方法引入了模拟退火算法，混沌算法等与群智能算法结合，一般情况下，线性和非线性的变步长方式也是比较实用的简便方式之一。

群智能算法是一种启发式优化算法，是一种应用型的方法，加强算法的应用研究是算法发展的关键。对于现有的群智能算法，应用和影响最广的还是蚁群算法和粒子群算法，这两种算法也是最具有代表性的，应用也是最广的，其他智能算法虽然也有所应用，但是影响力相对较小。目前，这些算法不仅需要解决普通的无约束优化问题，也需要解决有约束的优化问题，实际问题往往是有约束问题，约束处理方式是一个算法能够应用的基本问题。除此之外，算法还需要解决离散优化问题。尤其是与实际工程相结合，并针对具体的问题进行算法的改进优化，使得其更加适合工程实际需求。

目前的群智能仍然处在快速发展时期，新算法新思路也会相继出现，对于生物的观察发现有待深入，尤其是对于高等生物的观察发现较少，从中获得的知识还只是初级阶段。一方面，总结已经成功使用的群智能算法的特点，将其优点结合，从而形成一个比较统一的方法，加强算法的易用性研究，并将算法的参数自适应调整，再打包发布成应用程序，为从事非算法研究且有相关计算要求的个人和行业提供便捷的算法服务。另一方面，人们应当更加深入地了解生命的发展机理，从神奇的大自然中获得灵感，不仅仅从蚂蚁、蜜蜂、鱼、鸟、野草等获得算法的灵感，动物群体的捕食、争斗、繁殖等行为也将是群智能研究的重点。目前的群智能算法还停留在初级阶段，其智能性仅仅体现在对生物群体的模拟之上，距离真正意义上的智能还有很长的路要走[3]。

1.3 工程机械机群智能化运用发展现状

近年来，国内外学者对施工机械优化配置与动态调度问题做了大量的研究，并取得了一定的研究成果。

1.3.1 国外发展现状

佐用泰司针对如何合理有效化配置与动态调度机械的关键要素进行了系统的研究，分析了工程量与机械化施工合理化、机械合理组合和经济选型以及施工效益和工程速度经济型等一系列问题，奠定了机械化施工方面的理论基础[4]。第十一届国际大坝会议上美国学者 John W. Leonard 提出了在建设大坝过程中要注重设备的利用率的提高，提出在大坝施工的不同阶段选择不同的机械组合方案，同时对特征不同板块进行定性的分析[5]。S. M. Ease 在土方装运工程中着重考虑了机械配置方案与成本的关系，并根据方案对成本的影响建立了以最低土石方单位成本为目标的数学模型，通过案例分析证明了该模型的可行性。J. A. Anegas 等人研发出一款适用于施工组织设计优化的 Optimization Fleet Recommendation 服务系统，它可以根据建设工程的实际情况，输入机械施工计划和运距等一些类参数，并且考虑成本因素，最终选出不同的机械组合方式并计算出不同机械组合下的成本，得出最经济和最高效的方案。Weng 等人针对在工期一定时如何做到资源均衡利用的问题上，采用遗传算法对该问题进行求解。H. Iranmanesh 等人针对"工期-质量-成本"多目标优化模型采用遗传算法进行求解，并论证了遗传算法在解决"工期-质量-成本"多目标模型的优越性。W. L. Hare 在传统线性规划模型的基础上提出了混合整数线性规划模型，目的是对土方工程施工成本进行预测，以实现提高效率和降低成本的目标。L. Jingke 等人以最低费用、最短工期和最佳质量三个要素作为目标建立工程施工进度目标函数，并利用遗传算法求得了优化方案。S. M. Ease 针对土石方装运问题，以单位土方量成本最低为目标函数建立机械配置数学模型。并通过实例验证了模型。D. Konstantinidis 针对资源有限、工期最短等问题，在可更新资源约束下，就如何安排活动的执行时间使得资源达到均衡进行了讨论，并分析了工程机械配置问题。M. Marzouk 和 M. Moselhi 针对土石方作业的多目标优化问题，采用面向对象仿真，可在工程开始之前工期和成本做出合理预测。K. Eshwar 和 V. S. S. Kumar 针对传统的线性规划法在求解工程机械配置模型时参数确定难的问题，提出了基于模糊系数的线性规划模型，并在实际工程项目中验证了模型的有效性[6]。K. T. Yeo 和 J. H. Ning 针对工程中主导机械获取过程存在的不确定，建立了供应链管理模型，并通过实例对模型进行了验证。R. Navon 等人结合遗传算法与仿真技术，实现了土石方工程设备的自动调度和规划。H. Zhang 将能反映决策者评价标准的设备信息添加到土石方作业的仿真模型中，并通过多目标粒子群算法提高模型运行效率，并获得可行的机械配置方案。P. B. Athayde 等人针对土石方作业中工程机械配置问题，采用随机着色 Petri 网方法，通过动态仿真作业过程来确定装载机和自卸汽车规模。K. Kim 和 K. J. Kim 开发了多 Agent 仿真系统，通过施工现场的动态变化模拟土方作业设备流量。H. Bozena 利用人工神经网络进行土方作业设备使用率进行预测，根据土方作业的时间及成本来选择最优的设备组合[7]。W. L. Hare 等人针对传统线性规划方法评估土石方成本的不准确性，利用混合整数线性规划模型预计土方作业施工成本[8]；F. F. Cheng 等人建立了土石方作业的 Petri 网模型，可以预测施工情况、设备利用率，实现了智能化调度[9]。T. W. Liao 等人通过有效添加约束或非约束资源，采用启发式算法优化施工的作业成本、施工进度和项目控制。

1.3.2　国内发展现状

国内对于工程机械优化配置与动态调度问题的研究起步比较晚，但经过我国科研学者和工程技术人员的不断努力，也积累了大量的相关经验。郭伟、喻道远等人提出了基于GIS（Geographic Information System，地理信息系统）技术的机械优化配置系统，该系统对机械进行配置时能够提高工作效率、工作质量及平均工作性[10]。张宏文、欧亚明等人以最低的成本限度为目标，使用线性规划法研究国有农场农作物机械优化配置，构建了与之对应的最优化配置数学模型，得到最低成本配置方案[11]。李学忠从质量、成本、效率、均衡生产性的观点出发，构建了关于"质量-成本-效率-均衡性"多目标的道路机械化优化配置方法[12]。丁毅群等人从机械成本的角度考虑机械配置方案，研究了机械成本出现偏差的原因，并指出成本分析法对机械设备优化配置起到了重要的作用[13]。黄东亮、宋淑民等人以最小的成本作为评价函数，确立了土石方施工机械工作最低成本限度的数学模型，通过土石方工程实例验证了该模型的可行性[14]。赖永明、吴学雷等人通过构建土方调配与料场开采的联合模型，以快速施工、强度合理、节约经济为目标对建设过程所需料场开采量和开采要求进行动态模拟[15]。李琳琳、史双芹、雍超群等人以土石方调配问题作为研究内容，结合工期的要求将经济、快速、质量作为土方调配的三大目标，将调配模型分解成若干个工期模型和线路模型的子模型[16]。刘欢从最短工期和最低成本的角度出发，构建了时间-费用多目标评价函数，研究了公路土石方施工中施工机械配置问题[17]。吕凯旋在研究土方工程机械配置问题上，选择采用时间-费用多目标优化模型，将施工工期及施工费用成本作为机械选型的两大目标，制定最终的施工方案，以指导施工作业。王国安等人针对水泥路面机械化工程中的工程机械数量配置问题，采用随机服务系统及优化理论进行了相关研究[18]。杨泰森针对挖掘机和自卸汽车的合理配置问题，采用排队论方法进行了探讨[19]。熊云等人根据工程机械的选用一般原则，运用运筹学方法，以不同作业任务的机械种类、作业内容及台班作业率为决策变量，以机械资源为约束条件，以作业时间或作业量为目标函数，建立了工程机械优化决策模型，通过求解计算，给出了工程机械最优配置方案[20]。张青哲、吴永平在全面分析了影响挖掘机-自卸车系统生产率的基本因素的基础上，论述了挖掘机-自卸车机群系统合理配置的方法和要求[21]。马铸等人对混凝土搅拌机、摊铺机、压路机、自卸汽车及装载机等智能化工程机群的优化配置与调度进行了有关研究[22]。黄东亮等人针对工程机械联合作业配套问题，以成本最小化为目标函数，建立了土石方工程机械联合作业数学模型[14]。刘晓婷等人以设备台班费综合利用率最大为优化目标，根据再生工程中工程机械的基本配置原则和机械化工程系统的运行状态，给出了摊铺机等主导机械的生产能力计算公式，并建立了机械优化配置模型[23]。周华采用排队论实现了土石方装运机械的过程仿真，构建了以时间-费用为目标函数的土石方施工机械配置模型，采用粒子群算法对模型进行求解[24]。杨春风以公路工程施工机械配置管理为研究对象，提出应根据公路工程施工作业内容、施工机械的规格、公路工程施工机械的技术性能、公路工程现场气候以及外部环境、工程施工管理要求等合理配置施工机械[25]。瞿红梅等人结合道路施工机械选配原则，提出了基于线性规划的道路施工机械编配建模方法，并改进遗传算法对模型进行求解，为大规模道路施工机械的合理编配提供了技术手段[26]。

现有关于配置方案优化的研究方法，大多以启发式搜索算法为主。由于机群的优化配置和动态调度问题是一个非线性组合优化问题，属于 NP-hard 问题，启发式搜索算法是解决此类问题的有效方法。

1.4 本书的特点和任务

随着工程机械的使用发展，机群的运用研究正在不断向智能化方向推进。机群智能化研究是建模仿真和运筹学的重要领域。本书把工程机械的技术特性及使用任务、工程机械机群优化配置方法、工程机械机群动态调度方法、工程机械机群智能化运用与决策系统开发等内容，以智能化控制为主线，将方法研究中所需的数学建模、仿真分析、系统开发与系统验证等知识系统、科学、有机地结合起来，旨在提供机群智能化运用领域研究思路和研究成果，为相关人员针对工程机械运用、机群智能化研究提供参考。

本书的基本任务有以下 4 项。

（1）分析工程机械技术特性，归纳总结工程机械任务，为机群智能化研究提供理论基础。

（2）针对工程机械在工程任务中面临的多型装备、多种任务、多点同时作业的配置难题，提出工程机械机群优化配置研究方法。

（3）针对工程机械机群的作业过程中的紧急性、随机性与突发性调度难题，提出工程机械机群动态调度研究方法。

（4）提出工程机械机群智能化运用系统开发方法，为机群运用决策提供方案策略，为机群充分发挥工程保障能力提供参考。

参 考 文 献

[1] 张志伟. 工程机械机群优化配置与动态调度方法的研究 [D]. 苏州：苏州大学，2005.

[2] 刘载文. 多智能体系统最新进展 [M]. 北京：国防工业出版社，2010.

[3] 楚东来，赵伟辰，林春城. 群智能算法的研究现状和发展趋势 [J]. 信息通信，2015（11）：38-39.

[4] 佐用泰司. 工程管理：计划和管理的新技术 [M]. 日本：电力工业出版社，1982.

[5] 长江流域规划办公室. 第十一届国际大坝会议译文选集 [M]. 北京：水利电力出版社，1976.

[6] ESHWAR K, KUMAR V S S. Optimal deployment of construction equipment using linear programming with fuzzy coefficients [M]. Amsterdam：Elsevier Science Ltd.，2004.

[7] HOLA B, SCHABOWICZ K. Estimation of earthworks execution time cost by means of artificial neural networks [J]. Automation in Construction, 2010, 19（5）：570-579.

[8] HARE W L, KOCH V R, LUCET Y. Models and algorithms to improve earthwork operations in road design using mixed integer linear programming [J]. European Journal of Operational Research, 2011, 215（2）：470-480.

[9] CHENG F F, WANG Y W, LING X Z, et al. A Petri net simulation model for virtual construction of earthmoving operations [J]. Automation in Construction, 2011, 20（2）：181-188.

[10] 郭伟，喻道远，徐晓光. 基于 GIS 的机群优化配置系统 [J]. 筑路机械与施工机械化，2002（5）：

8-10.

[11] 张宏文，欧亚明，吴杰．运用线性规划对农机具进行最佳配备 [J]．农机化研究，2002（1）：59-61.

[12] 李学忠，王国栋，郑尚龙，等．基于多目标函数的道路施工机械资源优化配置方法（下）[J]．工程机械，2003（7）：4-6.

[13] 丁毅群．工程机械的配置与成本分析 [J]．山西建筑，2003（5）：253-254.

[14] 黄东亮，宋淑民．大型土石方机械化施工成本控制 [J]．现代机械，2004（3）：66-68，72.

[15] 赖永明，吴学雷，申明亮，等．基于土石方平衡的面板堆石坝料场开采建模研究 [J]．中国农村水利水电，2011（9）：75-77，81.

[16] 李琳琳，史双芹，雍超群．基于大系统理论的土石方调配与填筑仿真研究 [J]．人民黄河，2013，35（7）：138-140.

[17] 刘欢．公（铁）路土石方施工机械配置仿真方法的研究 [D]．长沙：中南大学，2014.

[18] 吕凯旋，李亮，张霰，等．基于层次分析法的土方工程机械施工优化 [J]．兰州工业学院学报，2017，24（4）：62-65，86.

[19] 郑忠敏，杨泰森．公路路基机械化施工仿真 [J]．西安公路交通大学学报，1996（1）：53-56.

[20] 熊云．工程机械合理配置的优化决策 [C]//中国系统工程学会军事系统工程委员会作战效能评估研讨会，1996.

[21] 张青哲，吴永平．公路施工机械的优化配置及其数学模型研究 [J]．筑路机械与施工机械化，2006（7）：54-56，59.

[22] 马铸，李锁云，张文明，等．机群智能化工程机械体系结构和关键技术 [J]．农业机械学报，2003（5）：137-139，160.

[23] 刘晓婷，陈海伟，焦生杰．再生工程机械化施工系统的优化配置 [J]．长安大学学报（自然科学版），2005（3）：80-83.

[24] 周华．土石方工程中装运机械配置方案优化研究 [D]．大连：大连理工大学，2006.

[25] 杨春风．公路工程施工机械的配置与优化管理 [J/OL]．交通标准化，2014，42（6）：97-99.

[26] 瞿红梅，江玮，薛莹莹．基于线性规划的道路施工机械选配模型研究 [J]．中国水运（下半月），2014，14（8）：367-369.

2　工程机械技术特性与任务分析

开展工程机械机群的智能化运用研究，首先要明确工程机械担负的任务及各类型工程机械的作业能力。

2.1　工程机械技术特性分析

2.1.1　工程机械类型

工程机械主要有推土机、挖掘机、装载机、平路机、压路机、多用工程车等。

2.1.1.1　推土机

推土机分履带式和轮胎式两种，主要由基础车、工作装置和操纵系统等组成。推土机是一种短距离推土和运土的工程机械，一般适用于100m运距内铲运土壤，在工程中主要用来：

（1）清除作业地段的小树丛、树墩和石块等障碍物；

（2）构筑路基、维护和抢修道路；

（3）填塞壕沟、修筑机场、平整场地及对工事进行覆土作业；

（4）构筑临时道路。

此外，轮式推土机还可用来拖带平板车，牵引车辆及机械。

2.1.1.2　挖掘机

挖掘机是挖掘和装载土壤、砂石的一种工程机械，在工程中主要用途如下：

（1）挖掘平底坑；

（2）挖掘断崖和崖壁；

（3）挖掘堑壕和交通壕；

（4）挖、装土方和砂、石料；

（5）构筑道路。

2.1.1.3　装载机

装载机主要适用于在矿场、基建、道路修建和工事构筑等工程中，装载土、砂、砾石和煤炭等松散材料，可代替推土机清理工作面，也可做短距离（1.3km）内的搬运作业。换上不同的工作装置，还可进行起重、叉装、夹运、抓铲等特殊作业。

2.1.1.4　平路机

平路机是一种装有刮土刮刀（为主），配有其他多种可换工作装置，在土方工程中进行整型和平整作业的筑路机械。平路机的刮土刮刀，比推土机的铲刀具有更大的灵活性，刮刀可左右回转，左右边升降，并可使刮刀向一侧伸出。平路机主要用于构筑临时道路和在沾染地域开辟通路，修整路基的横断面，修刮边坡，开挖路槽、边沟及平整场地等。此外还可用来在路基上拌合路面材料，铺散材料，修整和养护土路，清除杂草和积雪。

2.1.1.5 压路机

压路机是一种利用机械自重、振动的方法，对被压实材料重复加载，排除其内部的空气和水分，使之达到一定压实密实度和平整度的工程机械。它广泛用于公路、铁路路基、机场跑道、堤坝及建筑物基础等基本建设工程作业。在工程施工中主要用来碾压机场、道路和新填路基、砾石、碎石路及柏油路面等，以提高建筑物的强度和稳定性。

2.1.1.6 多用工程车

轮式多用工程车主要由底盘和工程作业装置两大部分组成。工程作业装置包括推土装置、牵引绞盘、起重装置、回转平台。推土装置主要用于清除路面各种非爆炸性障碍物，构筑临时道路，沾染地域开辟通路，填平壕沟、弹坑，以及各种土方工程的推土作业；起重装置回转平台主要用于承担重物的起吊任务及带着重物做360°的回转；绞盘主要用于排除路障和抢救遇险车辆。

2.1.2 典型工程机械技术特点

2.1.2.1 轮式推土机

轮式推土机有以下特点：

（1）车速高，牵引力大，具有集土，抢修，临时道路、斜坡等多种作业功能并能拖挂25t平板车，运送履带车辆及其他设备或物资；

（2）采用国内独创的油气悬挂减振系统；油气悬挂操纵，采用电磁控制，技术先进，操纵简便、质量可靠；

（3）由于车架采用铰接结构，铰接点布置合理，前车架具有较大的转角，机动性能好；

（4）全液压转向，操纵轻便、灵活、可靠，直线行驶性好；

（5）钳盘式制动器，反应时间短，制动效果好，维修简便；

（6）推土铲的上升、下降及斜铲灵活可靠；

（7）采用集中润滑系统，节省保养时间，减轻保养机器劳动强度；

（8）具有拖启动，变矩器闭锁独特功能。

2.1.2.2 液压挖掘机

挖掘机挖掘的物料主要是土壤、煤、泥沙及经过预松后的土壤和岩石。从近几年工程机械的发展来看，挖掘机的发展相对较快，挖掘机已经成为工程建设中最主要的工程机械之一。目前常见的挖掘机大多采用液压传动系统。

液压挖掘机是在机械传动式正铲挖掘机的基础上发展起来的高效率装载设备，由工作装置、回转装置和运行装置三大部分组成。液压挖掘机是在动力装置与工作装置之间采用了容积式液压传动系统（即采用各种液压元件），直接控制各系统机构的运动状态，从而进行挖掘工作。液压挖掘机分为全液压传动和非全液压传动两种。若液压挖掘机挖掘、回转、行走等主要机构的动作均为液压传动，则称为全液压传动液压挖掘机。若液压挖掘机其中一个机构的动作采用机械传动，称为非全液压传动液压挖掘机。一般情况下，对液压挖掘机，其工作装置及回转装置必须是液压传动，只有行走机构可为液压传动，也可为机械传动。液压挖掘机的工作装置结构，有铰接式和伸缩臂式。回转装置也有全回转和非全回转之分。行走装置根据结构的不同，又可分为履带式、轮胎式、汽车式和悬挂式、自行式和拖式等。液压挖掘机的上述结构特点，使它具有如下优点。

（1）质量轻。当传递相同功率时，液压传动装置比机械传动装置的尺寸小，结构紧凑，质量轻，其质量可减轻30%～40%。

（2）能实现无级调速，调速范围大。它的最高与最低的速度比可达1000∶1。采用柱塞式油马达，可获得稳定转速1r/min。在快速运行时，液压元件产生的运动惯性小，冶金备件可实现高速反转。

（3）传动平稳，工作可靠。液压系统中设置各种安全阀、溢流阀，即使偶然出现过载或误操作的情况，也不会发生人身事故和机器损坏。

（4）操作简单、灵活、省力，改善了司机的工作条件。另外，液压系统容易实现自动化操纵，可与电动、气动联合组成自动控制和遥控系统。

（5）工作装置的品种可以扩大。可以配置各种新型的工作装置，如组合型动臂、伸缩式动臂、底卸式装载斗等；另外，便于替换和调节工作装置，一般小型液压挖掘机可配有30种替换工作装置。

（6）维护检修简单。由于液压挖掘机不需要庞大复杂的中间机械传动系统，结构被简化，易损件减少了将近50%，故维护、检修工作大为简化。

（7）液压元件易于实现标准化、系列化和通用化，便于组织专业化生产，提高质量和降低成本。

2.1.2.3　轮式装载机

轮式装载机车速高，牵引力大，具有集土，抢修临时道路、斜坡等多种作业功能并能拖挂30t平板车，运送履带车辆及其他设备或物资。该装载机可以高速度、高效率地完成装卸、平整、运输等任务，所以被广泛用于国防工程建设、民用建筑、修建道路、修建机场、矿山开采、建造码头及农田改良中。该机有以下特点。

（1）车速高，牵引力大，实施装卸土、砂、等松散物料并能拖挂30t平板车，运送履带车辆及其他设备或物资。

（2）采用国内独创的油气悬挂减振系统；油气悬挂操纵，采用电磁控制，技术先进，操纵简便、质量可靠。

（3）由于车架采用铰接结构，铰接点布置合理，前车架具有较大的转角，因而机动性能好。

（4）全液压转向，操纵轻便、灵活、可靠，直线行驶性好。

（5）钳盘式制动器，反应时间短，制动效果好，维修简便。

（6）采用集中润滑系统，节省保养时间，减轻保养机器劳动强度。

（7）具有拖启动，变矩器闭锁独特功能。

2.1.2.4　平路机

平路机除具有作业范围广，操纵灵活，控制精度高等特点外，还具有作业时空驶时间少（只占总时间的15%左右）的优点。因此，平路机的有效作业时间明显高于装载机和推土机，是一种高效的土方施工作业机械。平路机，是利用刮刀平整地面的土方机械，刮刀安装在机械前后轮轴之间，能升降、倾斜、回转和外伸，动作灵活准确，操纵方便，平整场地有较高的精度，适用于构筑路基和路面、修筑边坡、开挖边沟，也可搅拌路面混合料、扫除积雪、推送散粒物料及进行土路和碎石路的养护工作。

从以上分析可以看出,工程机械种类型号复杂,但功能大都比较单一,一种机械只能完成一两种不同类型的工程作业。从现有工程机械具备的功能来看,仍需要多种类型的工程机械协调配合,协同完成工程保障任务。

2.1.3 作业率计算

工程机械的作业能力一般以作业率来衡量。工程机械的作业率又称生产率,指在单位时间内的作业量[1]。作业率是机械作业能力大小的衡量指标,是编制作业计划、作业预算与合理配置机械进行作业的重要依据。理论作业率可通过计算求得,实际作业率则需要在理论作业率的基础上考虑作业环境的影响。

2.1.3.1 作业率的基本概念

在计算效率指标时,机器的作业率是评价机器设计时功能效率的一个主要因素。这是由于:

(1)作业率综合了机器的技术经济参数和机器的使用条件参数。

(2)作业率是机器功能的数据资料,以及评价机器效率的技术指标,施工利润、单位折算费用及其他指标等都是由机器的作业率确定。

机器的作业率取决于机器的结构参数和人——机工程系统参数(工作机构型式和尺寸、发动机功率和质量、牵引力操纵系统、视野度、噪声、驾驶员座位上的振动量和技术运用轻便性等)及机器的使用条件(作业工艺和工作季节;土料、沥青混凝土和雪等材料的种类及其物理机械性质,气候条件——气温、湿度和风力,对机械还应考虑运行条件,例如,道路坡度、路面质量及操纵人员的熟练程度和技能)。

2.1.3.2 理论作业率

工程机械的作业通常是一个循环往复的过程,机械完成取土、运土、卸土、返回等工序称为一个作业循环[2]。在工程实践中,工序时间是不确定的,其表示方法通常根据相关领域专家对实际工程情况的估计。工序时间常用最可能时间、乐观时间、悲观时间 3 个数据来表示,恰好符合三角模糊数的隶属函数分布规律。因此,可采用三角模糊数来描述工序时间的不确定性。

对于工序时间中的最可能时间来说,到底哪一个数能表示最可能时间,是模糊的、不能确定的,但依据相关领域专家的经验可估计出最可能时间的变化范围,并可在该范围内估计出一个与最可能时间最为接近的数。用模糊三角数表示为:最可能时间的模糊区间为 (l, m, u),m 为与最可能时间最为接近的模糊数。这样就可以用模糊三角数来描述最可能时间,再以同样的方式描述出乐观时间和悲观时间。

这样,对工序 (i, j),从 n 个领域专家中得到的最可能时间、乐观时间、悲观时间,三者的隶属函数均为模糊三角数。考虑到各领域专家之间估计误差的相互补偿,利用加权综合法便得到工序 (i, j) 的模糊工序时间。

A 基于三角模糊数的工序时间计算

定义 2.1 设置域 E,E 到闭区间 $[0, 1]$ 的任何映射为 $u_{\tilde{A}}: E \rightarrow [0, 1]$,$e \rightarrow u_{\tilde{A}}(e)$。将 E 的模糊集记为 $\tilde{A}$。模糊集 $\tilde{A}$ 的隶属度函数称为 $u_{\tilde{A}}$,$u_{\tilde{A}}(e)$ 为元素 e 隶属于 $\tilde{A}$ 的程度,简称隶属度。

定义 2.2 设置域 E 上的模糊数 $\tilde{M} = (l, m, u)$，$\tilde{M}$ 对应的隶属函数 $u_{\tilde{M}}(X)$ 表示见式 (2-1)，称 $\tilde{M}$ 为三角模糊数[3]。

$$\mu_{\tilde{M}}(x) = \begin{cases} 0 & \text{当 } x \in [-\infty, l] \cup (u, +\infty) \\ \dfrac{x-l}{m-l} & \text{当 } x \in [l, m] \\ \dfrac{x-u}{m-u} & \text{当 } x \in [m, u] \end{cases} \tag{2-1}$$

式中，l、m、u 分别表示三角模糊数的左边界值、中值和右边界值，模糊数的取值区间用 $u-l$ 表示，如图 2-1 所示。

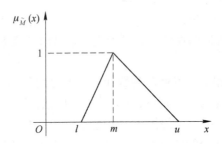

图 2-1 三角模糊数隶属度函数

根据模糊数学的研究，三角模糊数表示的时间的期望值[4]为

$$E = \frac{l + 4m + u}{6} \tag{2-2}$$

也就是说，在需要去模糊化的时间计算时，可用式 (2-2) 计算。

以推土机推土作业循环为例，推土和返回的时间由距离和速度确定，卸土时间可忽略不计，调头的时间可用三角模糊数表示。推土机调头时间一般选择 10～20s，通常取 12s。因此，调头时间表示为 [10，12，20]。

　　B　作业率的计算

　　a　推土机作业率计算

推土机根据作业性质不同，作业率单位的表达也不同。当推土机用于推土作业时，其完成的工作量用 m³ 来表示；当用于平整场地时，其完成的工作量用 m² 来表示。前者与推土机铲刀容量的大小和作业循环时间的长短有关；后者与铲刀宽度及推土机的行驶速度有关。

推土作业的理论作业率可按式 (2-3) 计算

$$S_{T1} = \frac{60V_T}{T} \tag{2-3}$$

式中　S_{T1}——推土机推土理论作业率，m³/h；

　　　　V_T——推土机每铲推土量，m³。可用经验公式计算，$V_T = 0.86BH^2$，B 为铲刀宽度，m；H 为铲刀高度，m；

　　　　T——推土机完成一个作业循环的时间，min。

推土机完成一个作业循环时间 T 的计算公式为

$$T = \frac{L}{v_1} + \frac{L}{v_2} + 2t_{调} \qquad (2\text{-}4)$$

式中　L——运土距离，m；

　　　v_1——推土速度，m/min；

　　　v_2——回程速度，m/min；

　　　$t_{调}$——一次调头所需时间，min。

平整作业的理论作业率可按式（2-5）计算：

$$S_{T2} = \frac{v_1(B\sin\alpha - m)}{T} \qquad (2\text{-}5)$$

式中　S_{T2}——推土机平整理论作业率，m²/h；

　　　α——铲刀平面角，(°)；

　　　m——相邻两次平整时重叠部分宽度，m；

　b　挖掘机作业率计算

挖掘机的理论作业率可由式（2-6）计算：

$$S_W = \frac{60V_W}{T} \qquad (2\text{-}6)$$

式中　S_W——挖掘机理论作业率，m³/h；

　　　V_W——推土机每斗挖土量，m³；

　　　T——挖掘机完成一个作业循环的时间，min。

　c　装载机作业率计算

装载机理论作业率可按式（2-7）计算：

$$S_Z = \frac{600V_Z}{T} \qquad (2\text{-}7)$$

式中　S_Z——装载机理论作业率，m³/h；

　　　V_Z——装载机每斗铲土量，m³；

　　　T——装载机完成一个作业循环的时间，min。

装载机完成一个作业循环时间 T 的计算公式为

$$T = t_{装} + \frac{L}{v_1} + \frac{L}{v_2} + t_{卸} \qquad (2\text{-}8)$$

式中　L——运土距离，m；

　　　$t_{装}$——装载一斗所需时间，min；

　　　v_1——运土速度，m/min；

　　　v_2——回程速度，m/min；

　　　$t_{卸}$——一次卸土所需时间，min。

　d　平路机作业率计算

平路机理论作业率可按式（2-9）计算：

$$S_P = \frac{v(B\sin\alpha - m)}{n} \qquad (2\text{-}9)$$

式中 S_P——平路机理论作业率，m^2/h；

     v——平路机工作速度，m；

     B——平路机铲刀宽度，m；

     α——铲刀平面角，（°）；

     m——相邻两次平整时重叠部分宽度，m；

     n——每地段的平整次数。

  e 压路机作业率计算

压路机理论作业率可按式（2-10）计算：

$$S_Y = \frac{v(B - m)}{n} \tag{2-10}$$

式中 S_Y——压路机理论作业率，m^2/h；

     v——压路机工作速度，m；

     B——压路机压实机构宽度，m；

     m——相邻两次碾压时重叠部分宽度，m；

     n——每地段的碾压次数。

根据计算，部分类型的工程机械作业率见表 2-1。

表 2-1 各类型的工程机械作业率

机械类型	型号	铲刀（铲斗、挖斗）容量/m^3	理论作业率	
推土机	Ⅰ	3.6	90m^3/h（推土）	2110m^2/h（平整）
	Ⅱ	5.6	140m^3/h（推土）	1465m^2/h（平整）
	Ⅲ	3.85	95m^3/h（推土）	1400m^2/h（平整）
	Ⅳ	12.9	150m^3/h（推土）	1640m^2/h（平整）
挖掘机	Ⅰ	0.8	125m^3/h	
	Ⅱ	0.3	80m^3/h	
	Ⅲ	1.6	280m^3/h	
装载机	Ⅰ	3.1	115m^3/h	
	Ⅱ	3	125m^3/h	
	Ⅲ	0.4	35m^3/h	
	Ⅳ	1	35m^3/h	
	Ⅴ	1	40 m^3/h	
平路机	Ⅰ	—	1725m^2/h	
	Ⅱ	—	1430m^2/h	
压路机	Ⅰ	—	1445m^2/h	

2.1.3.3 实际作业率

工程机械的实际作业率是指机械单位时间内的实际平均作业量，由理论作业率和地理环境、作业土壤、气象环境、作业亮度、敌情影响等因素决定。

工程量是合理选择作业机械的重要依据之一，当工程量很大，施工强度较高，施工条件又适合用大型机械时，宜选用大型机械。大型机械在满负荷时其生产率高，单位产品的能耗和费用均较低，但大型机械也需要大型的配套机械，机械的运输、安装和固定机械的基础工程量也相应增大，需要准备的时间长，而且由于使用的台数少，如出现停车事故则对施工全局的影响大；采用小型机械时，每台的生产率低，机械的台数多，能耗和费用均较高，而且由于机械多，工地上显得拥挤，妨碍交通，但小型机械容易获得，适用性强，利用率高，且能很快投入生产。

气象条件也是土方工程中不确定的因素之一。因为雨水会直接对土壤的状态产生负面影响，特别是在雨季，有时会导致轮胎式机械不能使用。因此气象条件对土方工程机械化施工组织的影响是通过其对土质条件的影响而表现出来的，在实际操作中可综合考虑气象因素来设定系统参数。

工程机械实际作业率可表示为

$$S_{实} = KS_{理} = K_1 K_2 K_3 K_4 K_5 S_{理} \tag{2-11}$$

式中 $S_{实}$——机群实际作业率，m^3/h；

$S_{理}$——机群理论作业率，m^3/h；

K——影响系数；

K_1——地理环境影响系数；

K_2——土壤影响系数；

K_3——气象影响系数；

K_4——亮度影响系数；

K_5——敌情影响系数。

各系数详细参数见表2-2~表2-6。

表2-2 地理环境影响系数

地理环境	平原微丘	山岳丛林	水网稻田
系数 K_1	1	0.45	0.3

表2-3 土壤影响系数

土壤类型	松软土	中等土	硬土	碎石砖瓦
系数 K_2	1	0.7	0.6	0.4

表2-4 气象影响系数

气象类型	晴	小雨	中到大雨
系数 K_3	1	0.7	0.5

表 2-5 亮度影响系数

亮度	白天	夜间
系数 K_4	1	0.5

表 2-6 敌情影响系数

敌情	无	一般	严重
系数 K_5	1	0.8	0.5

2.2 工程机械任务分析

工程机械的应用可见表 2-7。

表 2-7 工程机械作业内容

作业内容		主要施工机械	摘 要
清理草木	清除掉灌木丛、杂草	平地机、推土机	铲除矮草、杂草及表土
	除掉树木、漂石	推土机	根据树木的种类和直径，可使用带耙齿的推土机
挖土装载	一般性挖土、装载	平地机	修补道路、整地
		推土机	推土机适用于 100m 以内的运距
		装载机	挖掘能力要求不大的较松的土质
		挖掘机	挖掘能力要求较大或土场荒芜
	构筑物基础的开挖	推土机、装载机	大的基础挖掘时，到内部进行挖掘、装载
		挖掘机	较小的基础挖掘时，在地面位置进行挖掘、装载
	沟的开挖	平地机、推土机、挖掘机	应用于便道侧沟、工程现场的简易排水路、上下水道、煤气管等的埋设沟的开挖
	硬土开挖	中、大型推土机（带液压松土器）	适用于风化岩、软岩、漂石、混合土质；松土器不能挖掘时采用爆破工法
铺土	一般性铺平工作	推土机、平地机	在一般的铺平工作中搬运机械为推土机；用翻斗车运土时，则用推土机或自行式平地机来铺土
	大面积或高精度平地机	推土机、平地机	水路填筑的平地、道路填土的平地等
夯实	填土坡面的夯实	压路机	适用于大规模填土坡面的夯实

2.2.1 路基填筑

路堤填筑是指用土壤或其他材料堆填起来高于原地面形成路基。机械化施工的主要内容为从指定取土场所取土、搬运土方、撒布、压实并修整。水平分层填筑是填筑路基的基本方法，也是最能保证填土质量的施工方法。路堤水平分层填筑，即按照路基横断面的全宽分成水平层次，逐层向上填筑。在原地面纵坡大于12%地段时，可采用纵向分层填筑法施工，沿纵坡分层，逐层填压密实。但填至路堤的上部，仍应采用水平分层填筑法。路堤填筑机械化施工的工序如图2-2所示。

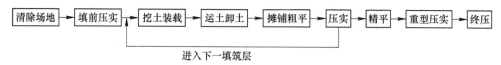

进入下一填筑层

图 2-2　路堤填筑机械化施工工序流程

按取土的位置不同，路堤填筑可分为从路基的一侧取土、路基的两侧取土、自路堑处取土及施工红线外取土4种形式。

对在路基的一侧或两侧取土的路堤填筑工程，其运距相对较短，施工中可使用的主要作业机械为推土机、装载机或两者综合作业。

对自路堑处取土的路堤填筑工程，应综合考虑其土质条件、运距、工程量、路堤高度等工程性质的影响，在施工中可使用的主要作业机械为推土机、装载机、挖掘机+运土车等。

推土机填筑路堤的作业方法均为直接填筑。在路堤的一侧或两侧取土坑取土采用横向填筑，分段施工，以增大工作面，这是平原地区较为适用的施工方法。一侧取土的作业线路采用"穿梭"法，如图2-3所示；两侧取土可采用两台面对取土并以同样作业法进行施工，作业线路图如图2-4所示。在路堑处取土填筑路堤主要采用纵向填筑法，这是丘陵和山区多采用的施工方法，作业方法如图2-5所示。

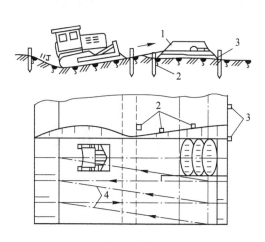

图 2-3　推土机从一侧取土填筑路堤线路图
1—路堤；2—标定桩；3—间距为10m的高程标杆；
4—推土机"穿梭"作业线路

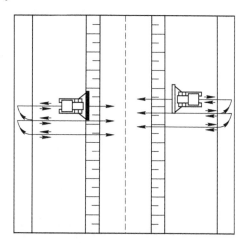

图 2-4　推土机从两侧取土填筑路堤线路图

装载机填筑路堤按卸土方向不同，可分为纵向和横向填筑两种。纵向填筑的程序为首先检查桩号，边坡处应用明显的标杆标出其准确的位置，再根据施工规定进行基底处理，然后按照选定的运行路线进行施工。填筑高度在2m以下时应采用椭圆形运行路线，作业线路如图2-6所示。如运行地段较长也可采用"之"字形，作业线路图如图2-7所示。填

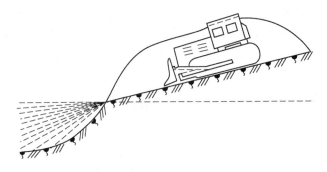

图 2-5　推土机纵向填筑路堤作业图

筑高度在 2m 以上时，为使进出口的坡道平缓，应采用"8"字形，作业线路图如图 2-8 所示。横向填筑路堤时，其填筑方法与纵向相同，只是运行路线应根据施工现场的条件采用横向卸土的螺旋形运行路线进行施工，其作业线路如图 2-9 所示。

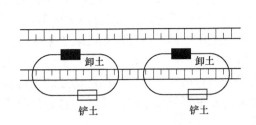

图 2-6　铲运机椭圆形填筑路堤作业线路图

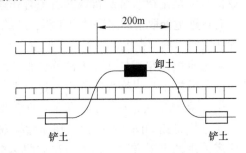

图 2-7　铲运机"之"字形填筑路堤作业线路图

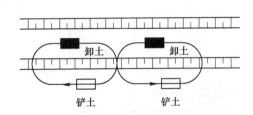

图 2-8　铲运机"8"字形填筑路堤作业线路图

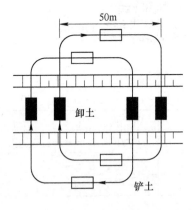

图 2-9　铲运机螺旋形填筑路堤作业线路图

2.2.2　路堑开挖

路堑开挖是把原地面挖低而形成路基。机械化施工的主要内容是按设计要求进行挖掘，将挖掘出来的土方运载到路堤地段作填料，或者运往指定弃土地点。路堑的施工方法主要有横挖法和纵挖法两种形式。横挖法主要适用于较短的路堑开挖；纵挖法适用于较长的路堑。路堑开挖施工工序流程如图 2-10 所示。

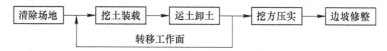

图 2-10　路堑开挖机械化施工工序流程

路堑开挖机械化施工组织的关键是挖掘机械的选择及其配套设备的选用，路堑开挖可采用的主要作业机械为推土机、装载机、挖掘机+运土车等。在实际施工中，选取作业机械的主要影响因素有运土距离、工程量、土质条件及路堑深度等。

推土机开挖路堑同样有两种施工情况，一种是在平地上挖浅路堑，另一种是在山坡上开挖路堑或移挖作填开挖路堑。平地上挖浅路堑，横向开挖，主要的作业线路有"穿梭"作业和环形作业两种方式，作业线路如图 2-11 所示。其中环形作业对弃土堆有平整和压实作用。推土机在山坡上开挖路堑或移挖作填开挖路堑，采用纵向开挖。作业方法为在路堑顶部开挖时采用纵向开挖，如图 2-12（a）所示。在路堑开挖到其深度的 1/2 时，再用另外 1~2 台推土机横向分层推削路堑斜坡，作业方法如图 2-12（b）所示。推土机开挖路堑要尽量利用地形做下坡推土，以提高推土机的作业效率。

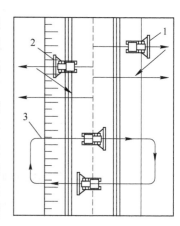

图 2-11　推土机横向开挖路堑
作业线路图
1，2—"穿梭"作业线路；
3—环形作业线路

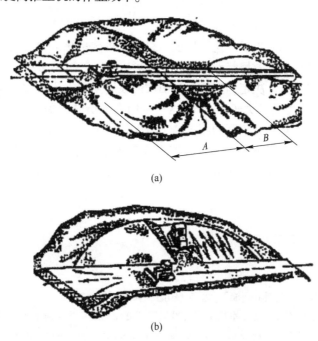

(a)

(b)

图 2-12　推土机开挖深路堑作业线路图
（a）推土机纵向作业；（b）推土机纵向、横向协同作业

挖掘机开挖路堑的施工方法主要有全断面开挖和分层开挖两种开挖方法。全断面开挖适用于深度小于 5m 的路堑开挖，施工方法如图 2-13 所示，要使路堑达到设计宽度，挖掘机必须作横向移位。深度超过 5m 的路堑应采用分层开挖。挖掘方法如图 2-14 所示。对挖掘机开挖后，边坡上的土角可用推土机修整。同样，挖掘机开挖路堑也必须做好挖掘机和运土车匹配工作，以充分发挥挖掘机和运土车的工作能力。

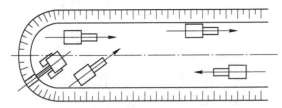

图 2-13 挖掘机全断面开挖路堑

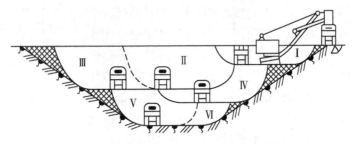

图 2-14 挖掘机分层开挖路堑

2.2.3 半堤半堑

半堤半堑是指根据地形半填半挖而形成的路基。机械化施工的主要内容是按设计要求进行挖掘，将挖掘出来的土方填筑到地势较低处形成路基。这类工程可选用的工程机械主要有斜铲推土机和挖掘机。决定因素主要为山坡的坡度角和土质条件。在山坡的纵向坡度角不大于 30°、横向坡度角不大于 25°，且为一～四类土质时，采用推土机为主作业机械，否则采用挖掘机开挖，对不可割裂的石方施工应采用爆破工法。

总之，路基工程机械化施工主要完成挖土装载、运土卸土、铺土粗平、压实等作业。实际施工中常用的机械化施工作业方法可归纳为推土机施工法、装载机施工法、挖掘机+运土车施工法三种作业形式。

参 考 文 献

[1] 鲁冬林. 工程机械使用与维护 [M]. 北京：国防工业出版社，2008.

[2] 赵其瑞，陶杰详，马家林，等. 军用工程机械运用 [M]. 北京：北京军械士官学校，2003.

[3] CAO X, XING Z, SUN Y, et al. A Novel dynamic multicriteria decision-making approach for low-carbon supplier selection of low-carbon buildings based on interval-valued triangular fuzzy numbers [J]. Advances in Civil Engineering, 2018 (10)：1-16.

[4] 陈冰. 计及线损率的含能效电厂低碳电源规划 [D]. 秦皇岛：燕山大学，2018.

3 工程机械机群优化配置方法

工程任务中，一般需要多种型号和多台装备组成的机群多机协同、联合作业，共同完成某一个工程任务。同时，工程机械在实际运用中，往往需要同时执行多个任务，即需要多个机群在多点同时作业。所谓机群，就是受统一指挥的由多台工程机械组成的协同执行同一任务的系统。

当前，在工程机械机群的实际运用过程中，大多采用经验决策的方法，即依据工作经验及对工作量的估算来配置机群，对工程机械类型、型号及数量的选用缺乏定量的计算。没有考虑到多种型号、多点作业时工程机械的匹配协同，普遍存在机群资源配置不科学、使用不规范等问题。不但造成装备资源的浪费，而且制约了工程机械机群的工程保障能力，难以发挥工程机械机群的最大作用。因此，需要针对工程机械机群在工程任务中面临的多型装备、多种任务、多点同时作业的配置难题，开展工程机械机群优化配置方法研究，提出机群的优化配置策略，充分发挥工程机械机群的工程作业能力。

3.1 工程机械机群作业过程分析

从对工程机械作业率计算的过程中可以看出，工程机械作业主要是对土或岩石进行松动、装载、运输、卸料、填筑、平整和压实。工程机械在作业过程中，由于不同机械之间的装运配合，或者空间限制导致工作面有限，在多台机械同时作业的情况下往往需要排队作业。

3.1.1 排队论相关理论

3.1.1.1 排队论的发展历史与研究概况

排队论起源于20世纪初的电话通话，1919—1920年丹麦数学家、电气工程师爱尔兰（A. K. Erlang）用概率论的方法研究电话通话问题，从而开创了应用数学这门学科，并为这门学科建立了许多基本原则。日常生活中排队现象随处可见，如旅客购票排队、超市服务台等待结账、银行内等待办业务、飞机等待降落、故障机器的停机等待维修，计算机存储信息的输送等都存在着排队现象。因此，排队现象是指顾客按照一定的顺序和到达率到达服务台并按照一定的服务规则接受服务的过程。排队论（queuing theory）是研究排队系统即随机服务系统的数学理论和方法，是运筹学的一个重要分支。

自爱尔兰首次提出排队论问题并发表了与之相关的第一篇文章以来，许多数学家开始研究排队现象。经过近些年国内外各学者的努力研究，排队论已经发展成一门相对成熟的独立学科。在计算机技术高速发展的今天，排队论的发展更是日新月异，应用领域也越来越广泛。例如，在交通运输系统、仓库库存管理、计算机网络、通信系统、银行超市服务系统等诸多领域中，排队论的应用研究都取得了丰硕的成果，成为管理人员和工程技术人员分析服务系统的重要理论依据。

排队论在被提出后的一段时间内并没有引起人们的重视，直到 20 世纪 30 年代中期，当费勒（Feller）引入生灭过程时，排队论才被承认为一门重要的学科。20 世纪 40 年代排队论在运筹学这个新领域中成了一个重要组成部分。20 世纪 50 年代初，英国数学家肯德尔（Kendall）等通过在排队过程中嵌入马尔可夫链，简化了计算，从而大大推动了排队论的发展，使人们能在排队系统中的研究中广泛应用嵌入马尔可夫链这一方法。20 世纪 60 年代，排队论进入了迅速发展的时期，其应用也越来越广泛。这期间著名的利特尔（Little）公式被提出。20 世纪 70 年代后，排队论的发展进一步完善，并且各种研究方法得到了统一。点过程、马尔可夫过程和生灭过程的应用使得排队论得到了空前的繁荣发展。20 世纪 80 年代，Neuts 提出了矩阵几何解理论，为排队论的发展注入了新的生机与活力。使用矩阵分析方法来研究排队论成为研究现代排队论的新趋势。由于排队论研究的课题日趋复杂，很多问题很难求得精确解，因此新的近似方法的研究成为未来排队论研究的重点。

3.1.1.2 排队系统的基本类型

在各种排队系统或服务系统中，将要求得到服务的对象称为"顾客"，将提供服务的称为"服务台""服务机构"或"服务窗"，顾客与服务台之间存在某种服务关系。对于所有的排队过程，其基本流程都是从顾客源中的顾客到达服务台接受完服务并离开服务系统的过程。整个排队系统的流程图如图 3-1 所示。

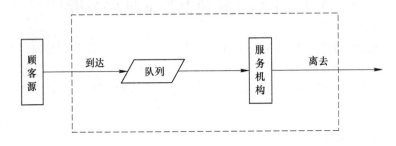

图 3-1 排队系统流程图

排队系统的服务模式根据顾客的排队模式及服务台的排列形式，可以分为单对单、单对多、多对多和服务台串联、并联、串并联相结合的组合等几种。按照服务模式，排队系统具体可分为以下几个方面。

（1）单队列单服务台模式（见图 3-2）。

图 3-2 单队列单服务台模式

（2）单队列多服务台并联模式（见图 3-3）。

（3）多队列多服务台并联模式（见图 3-4）。

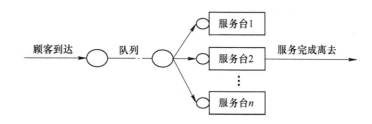

图 3-3　单队列多服务台模式

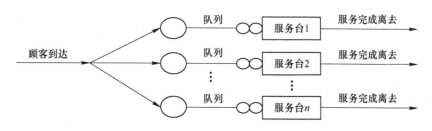

图 3-4　多队列多服务台模式

（4）单队列多服务台串联模式（见图 3-5）。

图 3-5　单队列多服务台模式

（5）混合型排队模式（见图 3-6）。

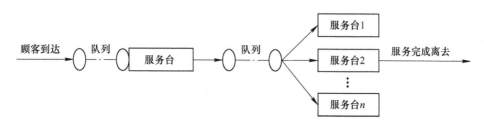

图 3-6　混合型排队模式

排队系统的一个普遍特点是具有随机性，随机性是指顾客的到达情况（如相继到达时间间隔）与每个顾客接受服务的时间是不确定的，或是随机的。目前研究的排队系统中，顾客相继到达的时间间隔和服务时间这两个量中至少有一个具有随机性。

3.1.1.3　排队系统的基本结构

排队系统又称服务系统。服务系统都必须由提供服务的服务机构和接受服务的对象构成。一般的排队系统由输入过程与到达规则、排队规则、服务机构的结构、服务时间与服务规则组成。

A　输入过程

在排队系统中，系统的输入过程是一个动态过程（服务对象依次移动接受服务），它一般用顾客的到达时间间隔来描述，考查的是顾客到达排队系统所遵循的数学规律。一般从 3 个方面来描述一个到达模式：

（1）顾客数。顾客的总数可以是有限的，如等待加工的工件、银行排队办业务顾客；顾客的总数也可以是无限的，如水电站的水量控制。

（2）到达规则。到达规则是指输入过程中的顾客是单个到达、成批到达、依时到达、移态到达等。

（3）顾客到达的时间间隔分布。在排队系统当中，虽然顾客到达率和服务台服务率都具有随机性，但它们的统计规律都服从特定分布。令 $T_0 = 0$，T_i 表示第 i 个顾客到达的时间，则 $T_0 \le T_i \le \cdots \le T_1$，记 $X_i = T_{i+1} - T_i$，$i = 1, 2, 3, \cdots$，X_i 是第 i 个顾客与第 $i+1$ 个顾客到达时间的时间间隔。在排队系统中，一般假设顾客到达时间间隔 $\{X_i\}$ 是独立同分布的。

B 排队和服务规则

a 排队规则

排队规则是指刚到达的顾客所要选择的一种排队方式。当系统中的服务台正忙或服务台正在休假而不能立即接受服务时，系统中就会出现排队现象。排队规则一般分为等待制、损失制和混合制。拿银行的服务业务举例说明：如果顾客来到银行发现所有的窗口有人占用着，也就是都处于忙碌状态，那么该顾客不能立即获得服务只能来到符合自己意愿的窗口前排队等待办理业务，这就是等待制。如果顾客到达银行后发现没有窗口空闲，又不想排队等待便离去，这就是损失制。如果银行座席有限，只能容纳一部分顾客，那么超过所能容纳的数量顾客只能离去，这就是混合制。

b 服务规则

所谓服务规则是指系统对于到达的顾客所提供的一种服务模式。在等待制与混合制中，一般将服务规则分为先到先服务（FCFS）、后到先服务（LCFS）、随机服务（ROS）、优先非抢占服务、优先抢占服务等类型。

先到先服务（FCFS）是最常见的情况，即按顾客到达的先后顺序对顾客进行服务。比如车站排队买票，超市买东西等。

后到先服务（LCFS）是指在服务系统中先对最后到达系统的顾客进行服务的一种方式，如仓库货物的提取，电梯乘客的进出等都是服从后进先出的。

优先权服务指的是对于具有特殊权利的顾客进行先服务的排队方式，如加急电报、会员制、医院接待急救病人等。现在具有优先权的排队在现实生活中正在被广泛地推广，越来越多的服务行业都在推行制度，这种制度可以更多更快地增加系统收入。

随机服务是指由于顾客到达具有随机性而采取的一种服务方式，如电话台（ACD）呼唤。

C 服务机构

服务机构是指同一时刻由多少服务台可接纳进入系统内的顾客，它们的服务需要多长时间。它可以是一个或多个服务台。多个服务台可以是并联的也可以是串联的。服务时间一般可以分成确定型和随机型两种。例如，车间里机器对每个零件的加工时间相同，即服务时间是相同，因而是确定型的。而随机型服务时间则服从一定的随机分布，比如指数分布、几何分布等。

3.1.1.4 排队系统的符号表示及数量指标

A 排队系统的符号表示

20 世纪 50 年代初，美国科学家肯德尔（D. G. Kendall）用 3 个字母 $A/B/C$ 表示排队论系统。其中 A 表示到达时间间隔分布，B 表示服务时间分布，C 表示服务机构中服务台的个数。

又令 D 表示确定型分布，M 为负指数分布，Geo 为几何分布，用 E_r 表示 r 阶爱尔兰分布，用 G 表示一般分布。通常用符号 $A/B/C/m$（∞）来表达排队模型。例如，$M/M/n$ 排队模型表示顾客相继到达系统的间隔时间服从负指数分布，而服务时间也服从负指数分布，系统内设有 n 个服务窗，系统容量为无限大的等待制排队模型。$M/G/1$ 排队模型表示顾客相继到达系统的间隔时间服从负指数分布，服务时间服从一般分布，只设有一个服务台且系统容量为无限的等待制排队模型。$M^\xi/G/1$ 排队模型表示每批有 ξ 个顾客到达系统，且批与批之间的到达间隔时间是负指数分布，服务时间为负指数分布，只有一个服务窗，且系统容量为无限的等待制排队模型。

B 排队系统的数量指标

排队系统研究的目的是了解系统运行状况，对系统进行调整和控制，使系统处于最优运行状态。排队系统中的数量指标又称为目标参量，指的是排队系统中代表整个系统性质的数量。描述一个排队模型运行状态的主要目标参量性能指标有以下几方面。

（1）队长。队长是指在系统中的全部顾客数，既包括正在接受服务的顾客数，还包括正在排队等待的顾客数，常用 L_s 表示。其中 L_s 表示的是所有可能的队长的期望值。队长的分布是顾客和服务企业所关心的。对系统技术人员而言，如果能够确定队长的分布，就能计算出队长超过所设范围的概率，从而计算出顾客合理的等待服务的时间。

（2）等待队长。等待队长指的是系统中正在服务窗前排队等待的顾客数，以 L_q 表示，L_q 表示的是所有可能的排队长的期望值。队长和等待队长一般都属于随机变量。

（3）逗留时间。顾客在系统中的逗留时间，也就是从顾客到达服务系统的时刻起到接受完服务并离开系统时两个时刻的时间差。逗留时间包括顾客排队等待的时间和被服务台服务的时间，其期望值记为 W_s。

（4）等待时间。顾客在系统内的排队等待时间是指从顾客到达时起一直到他被接受服务时止这段时间。它的期望值记为 W_q。等待时间是顾客比较关心的指标，顾客总是希望等待时间越短越好。

（5）忙期。忙期是指空闲的服务台从有顾客到达起一直到没有顾客到达服务台时为止的这段时间。忙期也是随机变量，忙期的期望值常用符号 B 表示。

（6）闲期。闲期是相对忙期而言。它是指服务机构从开始没有顾客时起一直到服务机构有顾客时止这段时间。闲期也是随机变量，也符合一定的分布规律。闲期的期望值为平均闲期，一般用符号 I 表示。

除了上述的这些数量指标，对于一些有系统容量的排队系统，还包括服务强度、系统损失率、顾客实际到达率等。

3.1.1.5 排队系统的分布类型及优化

A 常用分布类型

在排队系统的实际应用中，顾客可以指人，也可以指物。比如等待维修的设备，银行中排队等待服务的人，等待加工的零件等都被称为顾客。服务台又被称为服务机构，同样可以指人，也可以指物。如医生给病人看病，提供服务的就是医生；机器加工工件，提供服务的就是设备。在排队系统的研究中，顾客的到达速率和服务机构的服务率都是随机的，但并不是毫无规律可言，一般它们的统计规律都服从某一特定分布。顾客的到达间隔时间的分布及服务机构的服务时间的分布一般有以下几种。

a 负指数分布

若顾客到达系统时的速率服从均值为 λ 的泊松分布，那么顾客到达的排队系统的时间间隔就服从参数为 λ 的负指数分布。由于顾客按 Poisson 分布到达，到达率具有 Markov 性，所以对于服从泊松分布时间间隔用符号 M 表示。负指数分布的密度函数为

$$f(x) = \begin{cases} \lambda e^{-\lambda t} & \text{当 } t \geq 0 \\ 0 & \text{当 } t < 0 \end{cases}$$

其均值和方差分别为：$E(T) = \dfrac{1}{\lambda}$，$D(T) = \dfrac{1}{\lambda^2}$。

b 爱尔朗分布

爱尔朗分布指的是当服务台串联时，对于每一个服务台，分布密度函数为 $f(t) = kue^{-kut}$，则整体 $T = \sum\limits_{i=1}^{K} T_k$，分布密度 $f_k(t) = \dfrac{(ku)^k t^{k-1}}{(k-1)!} e^{-kut}$，$u, k \geq 0$。

爱尔朗分布的均值和方差分别为 $E(T) = \dfrac{1}{u}$，$D(T) = \dfrac{1}{ku^2}$。当 $k=1$ 时，E_1 即为负指数分布。

c 定长分布 D

对于爱尔朗分布 E_K，当 $K = \infty$ 时，则 $D(T) = 0$ 为定长分布，D 的分布函数为

$$F(t) = \begin{cases} 0 & \text{当 } t < a \\ 1 & \text{当 } t \geq a \end{cases}$$

式中，a 为服务时间或到达时间间隔。定长分布的均值和方差分别为 $E(T) = a$，$D(T) = 0$。

d 一般分布 G

一般分布的分布函数为 $F(t) = p\{X_n \leq t\} = 1 - e^{-\int_0^t u(x)\,dx}$，一般分布的均值和方差分别为 $E(T) = \dfrac{1}{u}$，$D(T) = \sigma_u^2 < +\infty$。

e 相位型（PH）分布

相位型分布是指具有有限状态和马尔可夫性的瞬时吸收时间分布。对于以 $\{1, 2, \cdots, m, m+1\}$ 为状态的过程，状态 $m+1$ 是唯一的吸收态。存在无穷小矩阵

$$Q = \begin{bmatrix} T & \dot{T} \\ 0 & 0 \end{bmatrix}$$

式中，T 是阶对角方阵，且满足以下条件 $T_{ii} < 0$；$T_{ij} \geq 0$，$i \neq j$；$T_e + \dot{T} = 0$，e 表示维数与矩阵 T 相同的但全 1 的单位列向量矩阵。它的初始概率向量为 $(a_1, a_2, \cdots, a_{m+1})$，若记 $a = (a_1, a_2, a_m)$，有 $ae + a_{m+1} = 1$。令 $F(t)$ 表示该有限状态的吸收时间分布，$V_i(t)$ 表示该 Markov 过程在 t 时刻处于状态 i 的概率，再令 $v(t) = (v_1(t), v_2(t), \cdots, v_m(t))$。

通过切普曼—柯尔莫哥洛夫方程可以证明有 $v'(t) = v(t)T$，$t \geq 0$ 且 $v(0) = \alpha$。则 $F(t)$ 的矩阵形式是

$$F(t) = 1 - v(t)e = 1 - \alpha e^n e, \quad t \geq 0$$

则当且仅当它在区间 $[0, \infty]$ 是有限维的 Markov 过程时才称之为相位型 PH 分布。

f　几何分布

几何分布（geometric distribution）是一种离散型的随机概率分布。它指经过 n 次伯努利实验，但只有最后一次取得成功的概率。举例说明，比如进行 3 次投篮比赛，第一次和第二次都未投中，只有第三次即最后一次才投中的概率。用公式表示为 $P(X = k) = (1 - p)^{k-1}p$。几何分布的均值和方差分别为 $E(T) = \dfrac{1}{p}$，$D(T) = \dfrac{1-p}{p^2}$。

B　排队系统的优化

排队系统的优化模型也是排队系统研究的重要内容之一。排队系统中的优化模型一般可分为设计的优化和系统控制的优化。前者为静态优化，即在服务系统设置以前，根据一定的质量指标，找出参数的最优值，从而使系统最经济。后者称为动态优化，即对已有的排队系统寻求使其某一目标函数达到最优的运营机制。

3.1.2　排队作业规划方法

根据机群的作业特性，采用排队论的方法对机群的作业进行分析。

机群排队系统由 3 个部分组成，即输入过程、排队规则和服务机构。

（1）输入过程：输入过程是指顾客到达排队系统的规律。一般来说，不同机械的运行规律和作业特性直接影响到达排队系统的规律，根据工程机械运用的试验研究，容易构建出在卸土完成返回后，顾客间相互独立，均以负指数分布的时间间隔到达的机群排队系统。

（2）服务规则：服务规则指的是排队顾客接受服务的顺序，工程机械排队系统的服务规则为先到先服务（FCFS，First Come First Service）。

（3）服务机构：指服务台的数量、串并联关系及服务时间规律，取土过程一般符合负指数分布的时间间隔进行服务。

按"Kendall 记号"表示排队系统的特征，表示为：$X/Y/Z/A/B/C$。其中，X 为相继到达间隔时间的分布，Y 为服务时间的分布，Z 为服务台数量，A 为系统容量限制，B 为顾客源数量，C 为服务规则（省略则默认为先到先服务）。则工程机械排队系统是一个 $M/M/1/\infty/m$ 型排队系统，即到达时间间隔服从负指数分布，服务台服务时间服从负指数分布，服务台数量为 1，系统容量无限制，顾客源数量为 m。

$M/M/1/\infty/m$ 型排队系统的主要指标为：平均队长 L_s，顾客源 m，顾客平均到达率 λ，平均到达时间间隔 $1/\lambda$，平均服务率 μ，平均服务时间 $1/\mu$，系统中有 n 个顾客的概率为 P_n。那么系统外的顾客平均数为 $m - L_s$，系统的有效到达率为 $\lambda_e = \lambda(m - L_s)$。排队系统到达稳态时，可得到以下差分方程：

$$\begin{cases} \mu P_1 = m\lambda P_0 \\ \mu P_{n+1} + (m - n + 1)\lambda P_{n-1} = [(m-n)\lambda + \mu]P_n & \text{当 } 1 \leq n \leq m - 1 \\ \mu P_m = \lambda P_{m-1} \end{cases} \quad (3\text{-}1)$$

解差分方程，注意到

$$\sum_{i=0}^{m} P_i = 1$$

得到服务台空闲（即排队顾客数目为0）的概率为

$$P_0 = \frac{1}{\sum_{n=0}^{m} \frac{m!}{(m-n)!}\left(\frac{\lambda}{\mu}\right)^n} \tag{3-2}$$

3.1.3 排队作业系统构建

当多台同类机械进行同一作业时，可以将待作业的土石方看作服务台，作业机械看作等待服务的顾客，机械作业看作接受服务。假设作业机械的到达率符合泊松分布，机械和作业面就构成一个 $M/M/1/m$ 型排队系统，即服务台数量为1，顾客源为限额 m，到达时间间隔相互独立并符合负指数分布，服务台服务时间间隔符合负指数分布。其排队原理如图 3-7 所示。

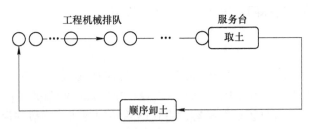

图 3-7 工程机械作业排队原理

系统主要指标为：顾客平均到达率 λ，平均到达时间间隔 $1/\lambda$，平均服务率 μ，平均服务时间 $1/\mu$，服务台空闲概率 P_0。

3.1.4 机群作业率

由于标准的 $M/M/C$ 优于 C 个标准 $M/M/1$ 排队系统，本节均采用单服务台排队系统模拟机群的排队作业。由式（3-2）可知服务台空闲的概率 P_0，则服务台忙碌的概率为 $(1-P_0)$。由此可以得到 m 台斗容量为 V 的工程机械排队作业的作业率为

$$S = 60V\mu(1 - P_0) = 60V\mu\left\{1 - \left[\sum_{n=0}^{m} \frac{m!}{(m-n)!}\left(\frac{\lambda}{\mu}\right)^n\right]^{-1}\right\} \tag{3-3}$$

此排队系统完成工程量 Q 需要的时间为

$$t = \frac{Q}{60V\mu}\left\{1 - \left[\sum_{n=0}^{m} \frac{m!}{(m-n)!}\left(\frac{\lambda}{\mu}\right)^n\right]^{-1}\right\}^{-1} \tag{3-4}$$

3.2 面向单任务的工程机械机群优化配置

工程机械机群在工程保障任务过程中，有时仅仅需要执行单个任务。本节建立了工程机械机群各类单任务的 Petri 网模型，并分别以最短时间和最少装备为目标建立机群

优化配置的数学模型，利用 CPN Tools 软件对其进行仿真分析，验证了模型的可信性，提出改进粒子位置更新方式的离散粒子群算法求解模型的方法，得到优化的机群配置方案。

3.2.1　机群配置建模方法

工程机械机群遂行任务的过程中会产生大量动态信息，是动态的离散系统。对工程机械机群作业模拟的传统方法有关键路径法 CPM（Critical Path Method）、甘特（Gant）图、计划评审技术 PERT（Program Evaluation and Review Technique）及循环网络法等[1]。

3.2.1.1　关键路径法

关键路径法（CPM，Critical Path Method）是一种网络图方法，适用于有很多作业而且必须按时完成的项目[2]。关键路线法是一个动态系统，它会随着项目的进展不断更新，该方法采用单一时间估计法，其中时间被视为一定的或确定的。具体来讲它是把完成任务需要进行的工作进行分解，估计每个任务的工期，然后在任务间建立相关性，形成一个"网络"，通过网络计算，找到最长的路径主要矛盾，再进行优化。CPM 用于确定项目进度网络中各种逻辑网络路线上进度安排灵活性大小（时差大小），进而确定项目总持续时间最短的一种网络分析技术。从规定的开始日期开始，利用正向计算计算最早开始日期和完成日期。从规定的完成日期（通常是正向计算得到的最早完成日期）开始，利用反向计算计算最迟开始和完成时间。

关键路径法是在 20 世纪 50 年代出现的，它是雷明顿-兰德公司（Remington—Rand）的 JE 克里（JE Kelly）和杜邦公司的 MR 沃尔克（MR Walker）提出的。由于当时的计算机在处理数据方面已经非常的迅速了，而计算机的空闲时间比较多，杜邦公司为了合理地利用计算机的性能，开始研究它在其他方面的应用。杜邦公司的管理层派遣 MR 沃尔克作为负责人，他联系了数学家 JE 克里一起研究计算机在其他领域的应用。在次年的五月份，他们将电脑应用在解决项目中的工期和费用之间的关系上，使得工期缩短的同时费用不会因此而大幅度地增加。为了让杜邦公司的高层管理人员更容易理解他们俩的思路，克里将项目中的活动用箭头表示，活动间的逻辑关系用结点表示，将电脑的性能更形象化地用图像表示了出来，也即最早出现的箭线图（ADM）。

沃尔克和克里最开始所研究的内容是用如何解决一个项目中的费用和工期之间的冲突关系，而并没有过多地关注在资源上。由于将费用或资源分配到整个项目的每个环节中是比较困难的，在之后的很长时间内，关键路径法也只是用在对项目进度方面的控制，而在对项目的费用和资源方面的应用比较少。1958 年他们所研究的关键路径法在一个化学设备管理的项目上取得了一次比较好的应用。

1959 年，沃尔克和克里和共同发表了"Critical Path Planning and Scheduling"论文，这篇论文长达 25 页，论述了关键路径法的基本原理及资源如何合理地优化、分配调度的方法。

A　关键路径法的分类及计算

关键路径法根据绘图的方法的不同，可以分为箭线图（ADM）和前导图（PDM）。

a　箭线图

箭线图又称矢线图法或双代号网络图法（AOA，Activity-On-Arrow）。箭线图是用横箭头表示活动，用有标记的结点表示链接，并且它只能表示结束–开始这一关系。它由以下几部分组成：

（1）结点。即事件，它不占用任何的资源和时间，在项目中可以代表一个个的活动。

（2）工作。每个项目中都含有很多工作。在这里它用单箭线来表示，箭头代表工作结束，箭尾代表工作开始。一个工作紧挨着的前一个工作称为该工作的紧前工作，一个工作紧挨着的后一个工作称为该工作的紧后工作，同时和它进行的工作称为该工作的平行工作。

（3）虚工作（逻辑箭线）。它是人为加上去的工作，实际上并不存在，它只是用来表示活动间的先后顺序，并且持续时间为 0，不占用项目中的任何时间和资源。图 3-8 为虚工作的两种表达方式，在用实箭头时要标注时间为 0。

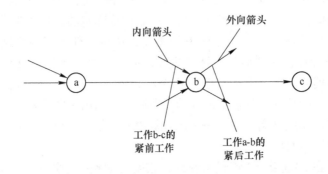

图 3-8　虚工作箭线图

（4）绘制网络图。首先要将项目分解成一个个的基本组成单元即各个活动，确定每个活动的持续时间、先后顺序及它们之间的逻辑关系的组成，然后绘制网络图。

箭线图（见图 3-9）工作的具体步骤如下：

（1）将所要做的项目分割成一个个独立的活动，然后把活动从前到后由小到大进行编号。

（2）用横箭头代表某活动的进展过程，如 1→①、①→②。横箭头的上面可写出活动的时间，时间通常以天或周来表示。通常可以用经验估计法来确定每个活动的时间。一般情况下，活动时间按照以下三种情况来估计：

1）乐观估计时间，x 表示。

2）悲观估计时间，y 表示。

3）正常估计时间，z 表示。

那么经验活动时间 $= (x+y+4z)/6$，又称为三点估计法。

（3）画出箭条图。假定箭条图如图 3-9 所示。

（4）计算各个结点能最早开工的时间。结点的最早开工时间也即一个工序的最早开工时间，它是指从初始结点开始沿着箭头的方向往后走，在走到最后一个结点的这段过程中用时最长的那条路径之间总和。例如在图 3-10 中，从结点 0 到结点 4 的路径就有 3 条。那么这 3 条路径上的持续时间分别是 10，9，6。那么结点 4 的最早开工时间即为 10，把最早开工时间写到方框内。而其他的结点的最早开工时间可以用同样的方法算得。

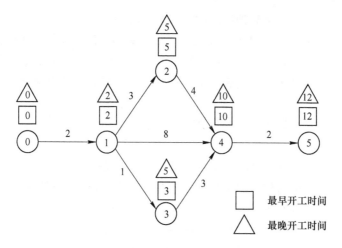

图 3-9 箭条图

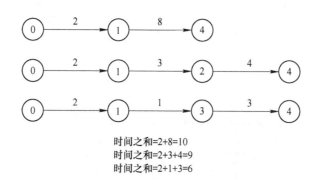

时间之和=2+8=10
时间之和=2+3+4=9
时间之和=2+1+3=6

图 3-10 路线时间

（5）计算各个结点能最迟开工的时间。结点的最迟开工时间基本和它的最早开工时间计算相反，找到从终点逆向到该结点的所有路径中时间差最小的那条路径，那么这个时间差就是该结点的最迟开工时间。以结点为例，从终点到该结点的各路线时间差如图 3-11 所示。

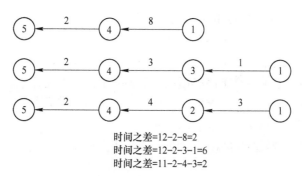

时间之差=12-2-8=2
时间之差=12-2-3-1=6
时间之差=11-2-4-3=2

图 3-11 从终点到该结点的各路线时间差

那么 3 条路径的时间差分别是 2，6，2。结点的最迟开工时间为 3。可在三角形内表示出来。用同样的道理计算出其他结点的最迟开工时间。

（6）计算富余的时间，得到关键路径。所谓的富余时间，指同一个结点最早和最迟开工时间的差。那么那些有富余时间的结点就属于非关键的结点；而那些富余时间为或极小的结点就属于关键的活动了，影响着整个项目的进度，将这些结点连接起来就得到了关键路径。

那么这个例子中 0→①→②→④→⑤就是关键路径了。

b　前导图

前导图（PDM）又称顺序图法，用箭头表示先后顺序关系，结点表示工序。如果有很多个工序没有前导活动的时候，那么就用一个起始结点开始引出到这些工序上，类似也会有个终止的结点，如图 3-12 所示。

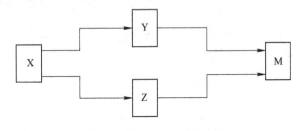

图 3-12　简单的 PDM 图

这种方法也称为单号网络图法（AON）或结点式网络图法，如图 3-13 所示。

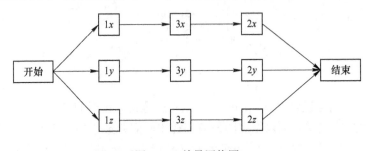

图 3-13　单号网络图

PDM 法表示的逻辑关系有以下 4 种依赖关系

（1）开始-开始：表示一个工序必须在另一个工序开始前开始。

（2）开始-完成：表示一个工序完成前另一个工序必须开始。

（3）完成-开始：表示一个工序必须完成后另一个工序才能开始。

（4）完成-完成：表示一个工序完成前另一个工序必须完成。

4 种 PDM 图的先后依赖关系如图 3-14 所示。

PDM 法中最常用的逻辑关系就是完成开始型的，而开始完成型的逻辑依赖关系能使用到的地方极少。

B　关键路径法的一些特性

关键路径法的一些特性如下所示。

（1）关键路径上的活动，都是最早开工时间和最迟开工时间相差为零或极小的活动，

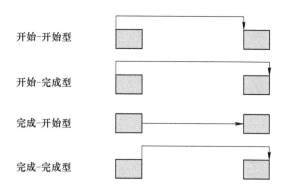

开始-开始型

开始-完成型

完成-开始型

完成-完成型

图 3-14   4 种 PDM 先后/依赖关系

如果改变这些活动的作业时间，就会改变整个项目的时间。

（2）整个项目的工作时间是指关键路径上那些活动的时间之和，这些活动的时间在整个项目的工作时间中起了确定性的作用。

（3）处在关键路径上的活动，都是项目中最重要的活动，在整个项目中起着决定性的作用，若这些活动任何一个的作业时间变多了或延迟了，那么整个项目的作业时间也就会相对地延迟了。

（4）对于那些不是关键路径上的活动，减少或缩短它们的作业时间并不影响整个项目的完工时间。对那些在关键路径上的活动，如缩短它们的作业时间，那么项目的完工时间也会缩短，即项目的工期会缩短；相反地，若延迟它们的作业时间，那么项目的作业时间也会延迟。

（5）有的时候一个项目并不止一条关键路径，即使存在多条关键路径，它们的作业时间的总和也是一样的，也即项目完工的总工期是确定的。

（6）关键路径和非关键路径也并不是一成不变的，它们都是会受到人为、自然条件或其他因素的影响，它们的关系也只在某个时期或条件下是相对的。在一些条件的改变后，非关键路径和关键路径可能互换自己的角色。

C　资源优化和调度中关键路径法的应用

关键路径法是一种网络分析技术，它可以用来预测某个项目的总进展和作业时间，可以帮助项目经理来提前分析整个项目的进度和资源的规划，防止项目的作业时间被拖延。

一个项目的关键路径是这个项目的网络图中用时最长的路径，它是由那些最早开工时间和最迟开工时间相差为零的活动组成的。在一个项目中通常的做法如下：

（1）将整个项目中相互独立的活动分开，按照时间先后的逻辑顺序排列起来；

（2）绘制这个项目的网络图，用带有方向的箭头将各结点的紧前活动和紧后活动之间的关系标记出来；

（3）利用上面介绍的正推法和逆推法来计算出每个活动的时间点（最晚开始时间、最早完工时间和最迟完工时间），并计算出各个活动的时差。

（4）将那些最早工时间和最迟开工时间的时间差为零的活动找出来，然后按照时间的先后顺序排列起来，即组成这个项目的关键路径。

如图 3-15 的一个项目的简单的网络图，它从起点到终点共有 4 条路径，每条箭头上也包含了活动的持续时间。

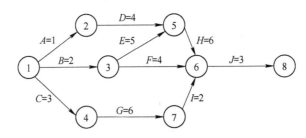

路径1：*B-F-J* 路径=2+4+3=9(天)(假设单位为天)
路径2：*B-E-H-J* 路径=2+5+6+3=16(天)
路径3：*A-D-H-J* 路径=1+4+6+3=14(天)
路径4：*C-G-I-J* 路径=3+6+2+3=14(天)

图 3-15 项目的关键路径

由此可以看出，路径 2：*B-E-H-J* 所持续的时间最长，为 16 天，它为该项目的关键路径。虽然关键路径所花费的时间最长，但是它是该项目完成所需要的最短时间，如果这些活动被延误了或者延迟了，那么整个项目的工期也会被延迟。

对一个项目进行计划和管理时，需要从该项目的庞大网络图中找出资源分配优化所需要的关键路径，在关键路径确定的情况下，合理的安排现有的资源，分配活动的作业时间，尽量地缩短关键路径的工期，以缩短整个项目工期。而对于那些非关键路径上的活动，可以适当地在上面抽出一些人力、物力（不影响这些非关键路径上的活动的工期），放到关键路径上，缩短整个项目的作业工期，合理的对资源进行优化。

在考虑如何控制进度、优化资源、缩短项目的工期、减少费用的情况下，需要定制不同的约束条件，即时间、资源、费用三者之间的限制。可分为下面的几种情况。

a 工期费用的优化

在一个项目的管理优化中，工期和费用的优化包含两个方面：（1）在一个项目的工期确定的情况下，如何尽量地减少投资使费用最小化；（2）在一个项目的费用确定的情况下，如何尽量地缩短项目工期。在一个项目的工作期间，费用的多少直接是由项目的总工期长短决定的。当项目工期在某个范围内变化时，项目费用可能会随工期的缩短而减少，当工期在另一个范围内发生变化时，项目的费用可能会随着工期的缩短反而增加，它们的关系不是绝对成反比的。

一般情况下，一个项目的费用包括直接费用和间接费用两个方面：直接费用指在完成这个项目中直接消耗的费用，比如工作人员的工资、工作人员的保险及设备的折旧费、使用费、材料费等与项目完成有着直接关系的费用；间接费用指在完成这个项目中间接所使用的费用，比如项目的管理费、办公费、项目提前完成给员工的奖金或者项目延期完成所要付的违款费等。

一般情况下，直接费用和项目的工期是成反比的，如若要缩短项目的工期，就需要增加工作的人员，增加生产设备，那么直接费用就会增加，可记作 $f_1(T)$；而间接费用和项目的工期成正比的，当工期被缩短后，管理费、办公费等会相应地减少，即间接费用减少，可记作 $f_2(T)$。

那么总共的费用 $F(T)=f_1(T)+f_2(T)$。它们的关系可用图 3-16 表示。

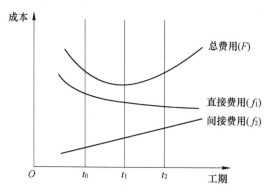

图 3-16 工期-费用的关系图

由图 3-16 可以看出，3 种费用与工期之间的关系。工期的缩短会使直接费用增加，但工期不能无限制地缩短，图中 t_0 点为最短的工期点，工期再往下缩短时，直接费用会急剧地增加，总费用也会急剧地上升。间接费用会随着工期的增加而增加，他们之间基本满足线性关系。总工期是直接费用和间接费用的和。它呈一个抛物线状态，如图 3-16 所示，t_0 为最短工期点，t_2 为项目的正常完成的工期点，t_1 为项目完成的最优工期点，在此时，项目在规定的工期内完成了，并且总费用花费得最少，这点即该项目完成的最佳时间点。

b 工期资源的优化

在一个项目中，企业所计划的资源是有限的，包括人力资源、资金、设备等。那么如何合理地分配利用这些资源，成了整个项目进度管理中的关键。在工期资源优化的过程中，也包含两个方面：（1）工期确定的情况下，如何均衡这些现有的资源；（2）资源确定的情况下，如何合理地分配利用这些资源使工期缩短。在通常情况下，网络计划的资源优化分为两种，即"资源有限，工期最短"的优化和"工期固定，资源均衡"的优化、在资源有限的情况下，缩短工期步骤如下：

（1）按照活动的先后顺序排列好，列出关键路径上的那些资源，优先考虑关键路径上的那些资源。

（2）利用各个活动的时差关系，错开非关键路径上的活动和关键路径上的活动的资源冲突。由于项目的整个工期是由关键路径上的活动决定的，当发生冲突时，应尽量减少和抽取那些非关键路径上的活动的资源，将这些资源用到关键路径上来满足关键活动的需求，从而缩短关键活动的工期，缩短整个项目的工期。

（3）当现有的资源确实受到了限制，无法错开使用时，可以考虑将项目的工期适当的延迟。

在进行工期资源优化的时候，要注意以下几点：

（1）在进行优化时，不能改变网络计划中各活动所持续的时间；

（2）在进行优化时，不能改变网络计划中各活动的先后顺序和逻辑关系；

（3）除了那些可中断的工作外，要保持工作的连续性，不能随意地中断活动；

（4）在进行优化时，各活动所需要的资源是合理的并且在某个范围内是固定的，不能有很大范围内的变动。

c 时间的优化

只考虑项目的作业工期，尽量地缩短工作时间。可通过以下方法缩短工期：

（1）可以考虑缩短关键路径上的活动的工期。比如引进国外的一些先进的技术和一些先进的设备。

（2）可以增加资源的投入，比如增加人力资源、设备、资金等，对人员延长工作时间、加班、三班倒的方式来缩短活动的工期。

（3）可以利用快速跟进的方法，寻找一些可以同时进行的关键路径，同时施工。

从上面的分析可以看出，CPM 主要是一种基于单点时间估计、有严格次序的网络图。它可以将项目在施工过程中的各种资源、信息等量化，从而分析、减少工作中项目工期延迟或无法完成的风险。

3.2.1.2 甘特图

甘特（Gant）图又名条状图或横道图[3]。甘特图的思想很简单，它有横竖两个域，横域表示时间，一般以天或周为单位，竖域表示项目或工程中的活动，横线表示项目中某个活动（工序）完成的情况。可以直观地看出来每个活动的进度情况和完成的时间及当前完成的工作量。简单的甘特图如图 3-17 所示。

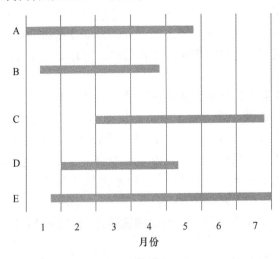

图 3-17 简单的甘特图

目前有些比较专业的软件专门来绘制甘特图，例如微软的 MS Project、Excel 等。

A 甘特图的起源

甘特图（Gantt chart）又称横道图、条状图（Bar chart）。它是在第一次世界大战时期发明的，以亨利·劳伦斯·甘特先生的名字命名，甘特先生制定了一个完整地用条形图表示进度的标志系统。甘特图内在思想简单，即以图示的方式通过活动列表和时间刻度形象地表示出任何特定项目的活动顺序与持续时间。基本是一条线条图，横轴表示时间，纵轴表示活动（项目），线条表示在整个期间上计划和实际的活动完成情况。它直观地表明任务计划在什么时候进行，及实际进展与计划要求的对比。管理者由此可便利地弄清一项任务（项目）还剩下哪些工作要做，并可评估工作进度。

甘特图是基于作业排序的目的，将活动与时间联系起来的最早尝试之一，该图能帮助企业描述对诸如工作中心、超时工作等资源的使用图。当用于负荷时，甘特图可以显示几个部门、机器或设备的运行和闲置情况。这表示了该系统的有关工作负荷状况，这样可使管理人员了解何种调整是恰当的。例如，当某一工作中心处于超负荷状态时，则低负荷工作中心的员工可临时转移到该工作中心以增加其劳动力，或者，在制品存货可在不同工作中心进行加工，则高负荷工作中心的部分工作可移到低负荷工作中心完成，多功能的设备也可在各中心之间转移。但甘特负荷图有一些重要的局限性，它不能解释生产变动如意料不到的机器故障及人工错误所形成的返工等。甘特排程图可用于检查工作完成进度，它表明哪件工作如期完成，哪件工作提前完成或延期完成。在实践中还可发现甘特图的多种用途。

B 甘特图的优缺点

甘特图有以下几个优点：

（1）比较容易理解，技术通用，并且图形看起来很直观；

（2）一般的中小型项目的活动比较少，不会超过 30 个；

（3）不用担心一些比较复杂的分析和计算，因为有大公司的专业软件支持，比如微软的 MS Project。

甘特图也有以下几个缺点：

（1）它使用的一些栅格，在人员工作的时候注意力容易受到影响；

（2）软件不足，如果一些项目中活动的内在关系非常复杂，那么表示出来的时候线图很多，会错综复杂地搅和在一起难以阅读；

（3）它只是部分地反映了一个项目的三重约束，即时间、成本和范围三者之间的约束，因为甘特图重点是关注项目时间上的管理。

3.2.1.3 计划评审技术

计划评审技术[4]（PERT，Project Evaluation and Review Technique），最初是由美国海军北极星计划提出来的一种项目管理技术。1955 年 11 月，美国海军北极星计划成立了一个特别项目管理办公室，他们研究了各种现已存在的有关项目管理方面的技术，到 1957 年时，他们为了在 PERT 技术方面有进一步的研究，和杜邦公司的高层有了很多密切的联系，在 PERT 的推进上有了巨大成就。PERT 技术在现代化的项目管理中已经被广泛地应用，简单地说，它就是利用网络分析指定计划及对计划给予评价的技术。它能协调整个计划的各道工序，合理安排人力、物力、时间、资金，加速计划的完成。

A 计划评审技术概述

PERT 技术也称网络规划技术，在 20 世纪中期它是当时很重要的一种项目管理的技术，也是一种重要的执行计划方法。它的含义是：凡是推行某一种业务，或组织某一项很复杂的项目，必须提前确定目标（工期、质量、数量、资源、效果等），包括在项目开工前所设计好的活动网络图、施工图等一系列用来控制工作进度的蓝图。其中的网络图要包含每个活动所有的细节信息，清晰地表达出每个活动之间的先后顺序和逻辑关系，标明每个活动的最早开工时间、最迟开工时间、最早结束时间、最迟结束时间、开始和结束的时间差及关键路径等，从而顺利地安排工期和资源来保证项目在计划内完成。

PERT 网络图是一种箭线图，它明确地显示出了每个活动的逻辑关系及它们之间的依赖关系，在构造一个图时，首先要明确下面的三个概念：

（1）事件（events）：它表示活动结束的那个点。

（2）活动（activities）：它通常用箭头来表示，从一个事件指向另一个事件，表示一个过程。

（3）关键路径（critical path）：它表示整个网络图中花费的工期最长的一系列活动的序列，虽然它是最长的一条路线，但却是控制整个项目工期的一系列关键活动。

B 计划评审技术的基本要求

计划评审技术的基本要求如下。

（1）将整个项目规划成各个有逻辑关系的活动，即网络图中确定每个事件，并且确定每个事件上的具体信息，包括该活动完成所需要的时间、资源、资金等，防止在项目开展之后出现意外情况而难以控制整个项目的进展。

（2）在确定好网络图时，网络图中不能出现有回路的情况，即后继活动不可能会与前导活动之间有相互联系的情况。确定好每个活动之间的逻辑关系，找出处在关键路径上的那些活动。

（3）时间的估计：在确定好项目中各个活动之间的逻辑关系后，要确定每个活动的 3 个估计时间。由于在整个项目的施工中存在的许多不确定性因素，必须由那些熟悉各个活动的专门工作人员给出该活动的最乐观完成时间、最可能完成时间和最悲观的完成时间。然后将这 3 个时间简化成一个期望时间和一个统计方差，为后面的关键路径和报告服务。

（4）计算出富余时间和关键路径。关键路径是整个项目中从开始到结束所需要的时间最长的一条路线，它决定着整个项目的工期；而富余时间即这个项目完工时所需要的时间和关键路径上的总时间的差。那么就能总体上控制项目和各个活动的进度，防止整个项目延期。

C 计划评审技术的计算特点

PERT 技术是建立在网络计划上面的，在一个项目中，有很多个活动，而这些活动的作业时间存在不确定性，可能会随着周围环境的变化而受到影响。以前的经验就是给这个活动估计一个大概的时间，而管理人员对这个活动所需要的时间没有很大的把握，从而导致整个项目在执行时被动了起来。在实际的工作过程中，大多数人对事物的认知都会受到周围客观条件的制约和影响，在组成网络计划的各个活动中，由于外在的可变因素非常的多，每个活动的持续时间会受这些因素的影响而变得不确定，很难给出一个确定的单一的时间，因而在 PERT 中要引入概率计算法。在 PERT 的概率计算法中会用到 β 分布，所以先介绍下 β 分布及它的性质。

β 分布是定义在连续区间（0，1）上的一个变量，设随机变量 X 的密度函数为

$$\Phi(x) = \begin{cases} \dfrac{x^{(p-1)}(1-x)^{q-1}}{B(p, q)} & \text{当} 0 \leqslant x \leqslant 1 \\ 0 & \text{其他} \end{cases} \tag{3-5}$$

式中，$B(p, q) = \int_0^1 x^{p-1}(1-x)^{q-1}\mathrm{d}x(p > 0, q > 0)$，则称 x 服从 β 分布，可记作 $X \sim \beta(p, q)$。其中 p 和 q 是 β 分布中的形状参数。定义中 β 分布是在（0，1）区间上定义的，但可

经过变化 $Y=a+(b-a)X$，让 β 分布定义在任何区间 (a, b) 上，它具有很大的灵活性。β 分布中，当参数 $p=1$，$q=1$ 时，它就简化成区间 (a, b) 的均匀分布；而当参数 p 和 q 趋于无限大时，它就趋于退化分布了。它有以下几个重要的性质。

性质 1：如果随机变量 X 服从 $(0, 1)$ 上的 β 分布，那么 $E(X) = \dfrac{p}{p+q}$，Var $(Y) =$

$$\dfrac{pq}{(p+q)^2 (p+q+1)}$$

性质 2：如果随机变量 Y 服从 (a, b) 上的 β 分布，那么 $E(Y) = \dfrac{aq+bp}{p+q}$，Var $(Y) =$

$$\dfrac{(b-a)^2 pq}{(p+q)^2 (p+q+1)}。$$

性质 3：如果随机变量 X 服从 $(0, 1)$ 上的 β 分布，那么 X 最有可能取值是 $x=\dfrac{p-1}{p+q-2}$。

性质 4：如果随机变量 Y 服从 (a, b) 上的 β 分布，那么 Y 最有可能取值为

$$y=\dfrac{a(q-1)+b(p-1)}{p+q-2}。$$

性质 5：如果随机变量 Y 服从 (a, b) 上的 β 分布，那么当 $p<q$ 时，它偏正分布；当 $p>q$ 时，它偏负分布；当 $p=q$ 时，它对称分布。

性质 6：如果随机变量 Y 服从 (a, b) 上的 β 分布，那么当参数 p 和 q 变大时，它的峰值也会变大。

在分析法中，首先要假设每个活动的工期都服从 $\dfrac{b_i-a_i}{6}$ 分布，然后用三点评估法计算出每个活动的最优持续工期、最差持续工期和正常情况下持续的工期，最后加权计算出一个期望值作为该活动的工期。当然在评估计算活动的工期时，需要考虑风险这个问题，因为随时会有一些不可预料的情况发生。项目管理人员需要评估下这个项目完成的可能性和完成的风险有多大，也即成功率，那么就要进行风险评估。

首先，由于网络图中活动的各个属性必须要确定的，需要将三点估计时间转成单点估计时间，公式如下：

$$t_i = \dfrac{a_i + b_i + 4c_i}{6} \tag{3-6}$$

式中，t_i 为活动的平均估计时间；a_i 表示活动 i 的最短估计时间，也即乐观估计时间；b_i 为活动 i 的最长估计时间，也即悲观估计时间；c_i 为活动 i 在正常情况下的作业时间。

三点估算法可以把不能肯定的问题转化成肯定性的，从概率论的角度来看，偏差肯定是存在的，但是它的总趋向就能用来参考了，下面进行偏差的分析（分布的离散程度），方差估算如下：

$$\sigma_i^2 = \left(\dfrac{b_i - a_i}{6}\right)^2 \tag{3-7}$$

式中，σ_i^2 为活动 i 的方差。

标准差如下：

$$\sigma_i = \sqrt{\frac{(b_i - a_i)^2}{6}} = \frac{b_i - a_i}{6} \tag{3-8}$$

那么网络计划中项目能否顺利完成的概率，可用式（3-9）计算和查找函数表来求得结果。

$$\lambda = \frac{Q - M}{\sigma} \tag{3-9}$$

式中，Q 为整个项目的网络计划中计划好的所需要完工的时间；M 为整个项目的关键路径上各个活动平均持续时间之和；σ 为上面求得的关键路径的标准差；λ 为概率系数。这样就可以从 λ 和 σ 来分析该项目完成的可能性和工期的偏差了。

D　计划评审技术的步骤

在一个项目的管理中，用 PERT 网络分析时，要弄清楚该项目中每个活动之间的先后顺序和逻辑关系，还需要明确每个活动完工所需要的大概时间及所有的关键路径，以确定关键活动和非关键活动，更好地分配资源。大概步骤概括为以下几步：

（1）将一个项目分割成一个个有实际意义的活动，而每个活动完成之后都会产生一个事件。

（2）将这些活动之间的逻辑关系（时间先后顺序）列出来，为画出网络图服务。

（3）绘制流程图。在绘制流程图中，每个事件用圆圈表示，每个活动用带方向的箭头表示，从一个事件指向另一个事件，还需要标出每个活动和其他活动之间的关系，从起点开始，绘制到结束，得到一幅流程图，即 PERT 网络图，如图 3-18 所示。

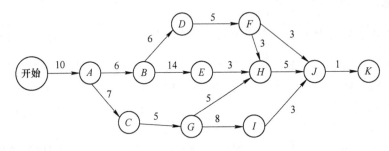

图 3-18　PERT 网络图

（4）计算出每个活动的最早和最迟完成时间，找出关键路径，确定关键活动和非关键活动。

（5）完成上面的几个步骤后，项目的管理人员就能很方便地制定出每个活动的开始和完成时间的计划表了，也很方便地确定关键的活动，合理地分配资源来完成关键活动，以免这些活动被延迟完成，因为一旦关键活动被延期了，那么整个项目的工期也会被延期。

E　计划评审技术的优点和缺点

PERT 网络图的分析法也有自己的优缺点。其优点有以下几个：

（1）PERT 网络分析法的作用网络分析法是一种很好的事前控制方法；

（2）在对图进行分析和资源配置时，可以让各个部门的主管和工作人员了解和确定自己在整个项目中的职责和作用等，让整个团队对项目有个比较全面的了解；

（3）在对图进行分析的过程中，可以让项目的负责人掌握和控制项目中的重要活动，明确工作的重点，更有效地控制整个项目的资源及项目的进度；

（4）它是一种计划优化法。

PERT 网络分析法并不适合所有的项目，它对应用领域的要求比较严格，缺点有以下几个：

（1）在项目开工之前，很难对整个项目有准确的描述；

（2）在项目开工之前，很难将整个项目细致的划分成一个个相对独立的活动，以及确定每个活动间的逻辑关系；

（3）在项目开工之前，很难对整个项目开工时所需要的时间、资源等进行比较准确的估计。

3.2.1.4 循环网络模拟技术

A 循环网络模拟技术的产生及其特点

在过去几十年中，工程项目管理研究的重点在工程项目的计划及宏观控制上，其方法多借助于传统的 CPM 和 PERT 等方法。在图 3-19 所示的工程项目管理层次中，最上层是整个项目的管理，主要进行项目的技术论证、统筹计划和协调多级关系、控制工期；第二层为建筑群的管理，主要是安排各建筑的前后施工顺序，综合控制进度和资源平衡等；第三层是单位工程的管理，主要进行工期、质量和成本的控制管理等工作。以上三个层次的管理方面过去研究较多并有较大的发展。图 3-19 中后四个层次均属于施工现场的决策管理及控制，其重点是合理安排、使用各种资源（人力、机械设备等）、提高其利用率、并均衡有效地施工，以实现预期的目标。这就需要对现场施工决策和管理控制及施工过程的分析有一套切实可行的定量方法[5]。

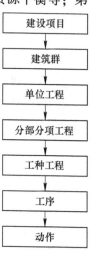

图 3-19 项目管理层次图

水利、土建工程施工除了具有生产流动性、综合协作性等特征外，还具有以下特点：

（1）整个生产过程的劳动力、设备、材料等资源是流动的；

（2）许多施工过程由一系列反复循环进行的作业或工序组成，其特征就是"循环"，例如高层建筑物的标准层施工，隧道工程的施工等；

（3）受气候等不确定因素的影响构成随机的动态因素；

（4）某些施工过程存在排队等待、拥塞或公用资源的冲突现象。这些都使工程建设的计划、管理和控制工作更为复杂，难度更大。若采用普通网络计划方法则不但极其繁杂，也难于表达上述特点。对于循环施工系统的传统分析方法只限于循环时间的简单计算，难以搞清资源的影响和生产率降低的原因，不能很好地为管理者提供实现预期目标的科学方法和手段。

循环网络模拟技术（CYCLONE）正是适应上述需要而发展起来的一种新型网络技术。它是把排队理论、计算机仿真技术与网络计划技术结合起来的一种方法，适用于具有前述特征的建设生产过程，它的出现使得模拟技术在工程界的应用得到飞速发展。它把涉及的各种资源看作流水单元在系统中流动，即将整个施工过程看作是流水单元的动态流动过程。同时，基于排队理论将流水单元分为工作状态及排队等待状态，并定义了不同的图示符号表示各种状态或功能，从而能形象地描绘出实际施工过程的图示模型，并充分表达出完成一个项目工程任务的各种资源是如何相互结合和相互作用的。此外通过计算机对工程对象的循环施工过程及随机时间特性的仿真运算，不但可以使得所设计的系统更接近于实际，而且能计算出不同的资源水平和施工组织状态下的工期、费用及循环时间、闲置时间、生产率和资源利用率等指标，并洞察与预测系统在不同条件下的反应、找出拥塞点。通过灵敏度分析及方案综合评价还可以获得最佳的机械配置和各资源的合理配置及理性的工期–费用方案，从而可对管理策略作出预先的估计，为设计与施工管理部门提供决策信息。

与 CPM/PERT 及流水网络和搭接网络等普通网络相比，普通网络的各活动时间基本上是确定的，通过普通网络分析所获信息可满足较高层次管理需要，但对于现场施工的复杂情况及施工管理所涉及的资源分配、安排与调运及许多不断变化的环境因素，普通网络只能提供给管理者要求实现的目标，而难以知道如何去实现，它不能找出问题所在和指出如何解决问题，而循环网络方法则弥补了这一缺陷。此外 CPM 等普通网络方法在解决具有大量重复性生产过程的项目计划管理方面显得薄弱无力，而循环网络则能以一个单体为网络主体，用控制节点来控制循环次数，使网络模型得以简化。

循环网络与计划评审技术（PERT）相比较，二者虽然都是含有不确定因素的决策工具，都是属于随机网络，但循环网络模型比较简单明了，易于分析与评价，特别是在描述具有循环过程的实际问题时，循环网络要简单得多，使用手段也相对较为简单。

B　循环网络模拟技术的发展

无论是水利工程还是土木工程，具有循环作业特征的施工项目是很常见的，如隧洞的开挖、大坝的填筑、高层建筑的施工、交通运输等，因此循环网络技术得到了很好的推广和应用。自 20 世纪 70 年代以来，国内外科学研究工作者已将循环网络仿真技术成功地应用于高层建筑工程、道路工程、土方工程、管道工程、港口工程施工中，并发展形成了许多较成功的仿真软件，如 CYCLONE（Halpin and Woodhead，1977 年），在此基础上发展而成的 INSIGHT（Kalk，1980 年）、UM-CYCLONE（Ioannou，1989 年）和 Micro-CYCLONE（Halpin，1990 年），随后又出现了 RESQUE（Chang，1987 年）、DISCO（Huang 等人，1994 年）、STROBOSCOPE（Martinez 等人，1994 年）等。在国内，天津大学与有关设计研究院进行了二滩、龙滩、小浪底和溪洛渡等地下洞室群单项洞室仿真与进度分析研究课题，从单个洞室施工过程的仿真开始，成功地将循环网络仿真技术应用于地下洞室群施工系统分析中，并编写了一系列仿真软件，如早期的 CONS（钟登华，1987 年）是针对循环网络的一般方法设计的，但仅适用于单项洞室的仿真计算。随后的 ESAS（钟登华等人，2001 年）是将循环网络模拟技术应用到地下洞室群的施工仿真中，具有一定的通用性；EDAMSIMU（钟登华等人，2004 年）针对堆石坝施工过程的特点，对循环网络模型进行改进并将其应用到堆石坝施工过程仿真中。

C　循环网络模型的组成

循环网络系统的运行过程是被视为各种资源的相互结合、相互作用的结果。整个过程是资源实体的动态流动，即主动状态和被动状态的相互转换过程。因此，在系统的模型中定义了几种特定的图示符号来描述各种状态，并根据生产工艺及逻辑关系，将它们用矢线连接起来，并加入控制机制，构造出图示模型来表达实际生产过程。循环网络模型中包括以下几个组成部分。

（1）流水单元：也称实体流或简称为"流元"。所谓流元是指在系统中不断进行着状态变换和流动的资源实体，即进行作业所需的劳动力、机械设备、材料等资源或所需的空间及其他信息。系统运行的全过程也就是流元的动态流动过程。流元所处的状态有主动状态和被动状态两种。当流元到达一个节点而进入工作状态及流元被利用或加工处理，则称之为主动状态。当流元处于闲置或排队等待的状态时称为被动状态。在系统运行中应减少这种闲置状态，从而提高资源利用率和避免窝工现象。

流元可以被分解，使一个变为多个；也可以进行组合或合并，使多个流元变为一个。例如，在高层建筑施工中，用塔吊垂直运送混凝土，若以一料斗混凝土为一个流元，在送到施工楼后，它可以分为若干份（子单元），用若干手推车进行水平运输散料。又如"货物"和"卡车"两个流水单元可以合并为一个单元"满载卡车"，而当运到卸货地点后，"满载卡车"这个流水又可被分解为"货物"和"卡车"两个流元。

（2）矢线：表示流元的流动方向及各节点或活动之间的逻辑关系。

（3）节点：施工过程系统仿真模型中定义的 7 种图示符号，分别表示不同的状态或功能，以面板堆石坝施工过程为例，如图 3-20 所示。

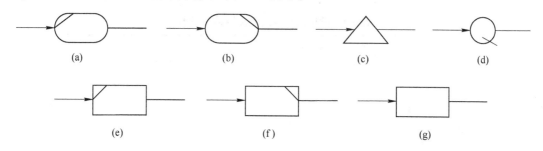

图 3-20 循环网络模型节点图示符号

（a）运料节点；（b）空返节点；（c）岔口节点；（d）等待节点；（e）装料节点；（f）卸料节点；（g）转料节点

根据节点的特性，可将上述 7 个节点分为四类，简述如下。

（1）道路节点。包括运料节点和空返节点。表示非限制性的工作即主动状态。当流元（多指自卸汽车）到达此节点的输入边时，就会立即自由地进入节点无须等待而处于工作状态，并在节点中持续一段工作时间（历时）。

（2）等待节点。通常描述处于被动状态的流元活动，即存放那些被闲置或排队等待的流元。当流元进入此节点后即处于排队等待状态。此节点不耗时，只是改变流元的状态。如汽车在到达各道路的交叉口时就要进入此节点进行排队等待。在其后的节点处于空闲状态时流元进入下一状态，接受下一级的服务。此节点除了可以改变流元的运行状态还具有统计功能，即统计流元在此服务台前的等待耽搁时间及不同排队队长的等待时间。

（3）服务台节点。包括岔口节点、装料节点和卸料节点。表示限制性的工作。流元在到达此节点前必须经过前面的等待节点，改变状态后到达此节点。若此节点的服务台处于空闲状态，则流元开始接受此服务台所提供的服务，处于主动状态，并在节点中持续一段时间；若此节点的服务台处于繁忙状态，则流元仍处于前面的等待节点处，排队等待一段时间，待服务台空闲时再接受服务，并持续一段时间；若此服务台前有多个流元同时处于排队等待时，则根据先到先服务原则，待服务台处于空闲时依次对先后到达的流元提供服务，如汽车在装载机前的装渣活动。

（4）转料节点。转料节点的功能与服务台节点很相似，但是和服务台节点又不完全相同，它是针对堆石坝施工过程的特点而特别增设的一种节点类型。在堆石坝施工过程中，汽车运送的土石料有的是直接上坝，有的是通过渣场转料上坝，还有几个料场同时对坝块进行供料。对于这种同时有几个料源的坝块或转料场，有的既是装料点又是卸料点，有的都是装料点或都是卸料点，装料与卸料发生在同一地点（是不同的装、卸服务台），却分别属于不同的闭合循环回路。当然也可以用几个闭合循环回路，即用几个服务台来描述这个装料、卸料的过程，但是这样却不能在模型中体现出装料、卸料或同时装（卸）料这个过程，而且在统计此回路的装料、卸料时显得尤为不便。所以为了更好地描述坝块及转料场的堆存料随时间变化的特性，增设了此节点，精简了模型。

由于各节点内在功能的要求，每种节点对其紧前或紧后的节点类型都有严格的规定，这在进行循环网络系统建模和确定网络结构时必须注意遵守。循环网络建模所要求的逻辑关系见表 3-1。

表 3-1　循环网络模型节点逻辑关系表

节点类型	一般节点	等待节点	服务台节点	转料节点	说明
一般节点	✓	✓	×	×	
等待节点	×	×	✓	✓	✓：允许
服务台节点	✓	✓	×	×	×：不允许
综合节点	✓	✓	×	×	

3.2.1.5　Petri 网

Petri 网最早由 Carl Adam Petri 博士于 1962 年在他的博士论文中提出。早期有关 Petri 网理论及应用的论文主要面向消息处理系统。后来，具有工程背景的研究人员也开始了 Petri 网在工程系统尤其是自动制造系统的研究，他们发现 Petri 网是事件驱动系统模型的十分有用的工具。

A　Petri 网起源

1962 年联邦德国的 Carl Adam Petri 在他的博士论文《用自动机通信》中首次使用网状结构模拟通信系统。这种系统模型后来以 Petri 网为名流传。现在 Petri 网一词既指这种模型，又指以这种模型为基础发展起来的理论。Petri 的工作引起了欧美学术界与工业界的注意。1970 年，MIT 的计算结构研究小组积极参与 Petri 网相关的研究。近年来 Petri 网的论文已大量出现在各种学术年会和期刊上。

在应用研究方面，其范围已经远远超出了计算机科学的领域，成为研究离散事件动态系统的一种有力工具。两个成功的应用领域是性能评价和通信协议，其他很有前途的应用领域包括分布式数据库存系统、并发和并行计算、柔性制造与工业制造系统、离散事件系统、多处理机系统、数据流计算、容错与故障诊断系统、逻辑推理、办公自动化系统、形式语言、人-机系统、神经元网络和决策模型等，其参考文献较多，在此不一一列出，对其他方面感兴趣的读者可以参考相关文献。

基本 Petri 网在理论方面也存在一些不足，其一，由于 Petri 网以研究模型系统的组织结构和动态行为为目标，它着眼于系统中可能发生的各种状态变化及变化之间的关系，因此，Petri 网易于表示系统变化发生的条件及变化发生后的系统状态，但不易表示系统中数据值或属性的具体变化或运算；其二，在大型、复杂系统的模型中，Petri 网应用的主要困难是模型状态空间的复杂性问题，它将随实际系统的规模增大而呈指数性增长；另外还存在没有时间概念、无法实现分层等缺陷。为此，在 Petri 网的实际应用中，经常需要根据特定的应用环境对网模型加以修改和限制。在性能分析应用中，将时间概念引入基本 Petri 网，发展了时间 Petri 网（TPN）和随机 Petri 网（SPN）；为了增加表述能力角度，研究者们提出了各类高级 Petri 网，如谓词/变迁网、着色网等，引入禁止弧和可变弧，将原子变迁扩展到谓词变迁和子网变迁；从分层描述复杂系统角度，引入了同步通道的思想；另外，数据库技术在许多 Petri 网工具中也被引入解决系统中数据无法存放的问题。Petri 网描述能力的增强会在某种程度上增加 Petri 网分析的难度，增加对系统模型性质的判断和计算的困难。显然，任何 Petri 网的扩展应当考虑特定的应用环境，既要增加模型描述和理解能力，又要便于系统模型的分析和计算。

随着面向对象理论在 20 世纪 80 年代的流行，Petri 网也开始借助面向对象中的抽象、封装和继承等概念加强 Petri 网的功能，这些面向对象的功能有助于建立分层的模型，到目前为止，有许多面向对象的 Petri 网模型继承了或多或少的面向对象的概念，例如：G-Net，COOPN，LOOPN，PROT，OOCPN，Opnets，这些努力在一定程度上减少了状态空间爆炸的问题，但问题依然存在，有些语言仅仅将资源（Tokens）看作对象，有些需要深奥的数学知识。

B　基本 Petri 网方法

a　Petri 网的定义

Petri 网（PN）的结构是由 5 元素描述的有向组：

$$PN = (P, T, I, O, M_0) \tag{3-10}$$

式中，$P = \{p_1, \cdots, p_n\}$ 为位置的有限集合，$n > 0$ 为位置的个数；$T = \{t_1, \cdots, t_m\}$ 为变迁的有限集合，$m > 0$ 为变迁的个数，$P \cap T = \varnothing$；I 为 $P \times T \to N$ 是输入函数，它定义了从 P 到 T 的有向弧的重复数或权的集合，这里 $N = \{0, 1, \cdots\}$ 为非负整数集；O 为 $P \times T \to N$ 是输出函数，它定义了从 T 到 P 的有向弧的重复数或权的集合；M_0 为系统的初始状态标识，即初始时标记在各位置中的分布。

在表示 Petri 网结构的有向图中，位置用圆表示；变迁用长方形或粗实线段表示；若从位置 p 到变迁 t 的输入函数取值为非负整数 ω，记为 $I(p, t) = \omega$，则用从 p 到 t 的一有向弧并旁注 ω 表示；若从变迁 t 到位置 p 的输出函数取值为非负整数 ω，记为 $O(p, t) = \omega$，则用从 t 到 p 的一有向弧并旁注 ω 表示。特别地，若 $\omega = 1$，则不必标注 ω。I 和 O 均可表示为 $n \times m$ 非负整数矩阵，称为伴随矩阵。

Petri 网结构中，p 表示 DEDS 的局部状态；P 表示 DEDS 的整体状态；T 表示其所有可能的事件；I 与 O 描述所有可能的状态与事件之间的关系。某一位置所表示的系统局部状态用位置中所包含的标记（token）数目 $M(p)$ 来表示（用位置 p 中的圆点来表示标记）。标记在所有位置中的分布情况称为 Petri 网的标识，它表示系统的整体状态。

b 着色 Petri 网的定义

定义 3.1[6] 一个着色 Petri 网系统定义为一个 9 元组：CPN = $(P, T, F, \Sigma, V, C, G, E, I)$，其中：

(1) P 是 n 维库所的有限集；

(2) T 是 m 维变迁的有限集，且 $P \cap T = \varnothing$；

(3) F 是弧的有限集，称为流关系，记作 $F \subseteq P \times T \cup T \times P$；

(4) Σ 是一个有限非空的颜色集合；

(5) V 是一个有限的类型变量集合，所有的变量满足 $v \in V$；

(6) C 是一个颜色集函数，为每一个库所分配一个颜色集；

(7) G 是一个警卫函数，将变迁映射为布尔函数；

(8) E 是一个弧表达函数，将 F 映射为其相邻库所颜色的多重集和延迟时间，这个延迟时间代表活动的持续时间；

(9) I 是一个初始化函数，为每个库所分配一个初始化表达式。

c Petri 网基本性能

Petri 网的重要结构与行为特性包括可达性、有界性、安全性、活性和可逆性。在介绍这些特性的同时，还将解释其在施工过程中的意义。

(1) 可达性。定义若从初始标识 M_0 出发触发一个变迁序列产生标识 M_r，则称 M_r 是从 M_0 可达的。所有从 M_0 可达的标识的集合称为可达标识集或可达集，记为 $R(M_0)$。

(2) 有界性与安全性。定义给定 PN = (P, T, I, O, M_0) 及其可达集 $R(M_0)$，对于位置 $p \in P$，若 $\forall M \in R(M_0) : M(p) \leqslant k$，则称 p 是 k 有界的，此处 k 为正整数；若 Petri 网的所有位置都是 k 有界的，则 Petri 网是 k 有界的。特别的，$k = 1$ 时，即当某位置或 Petri 网是有界的，称该位置或 Petri 网是安全的。

通常，位置用于表示施工过程中的工人活动场所，工序的作业面，机具、建筑材料的存放区，还用于表示资源的可利用情况。确认这些存放区是否溢出或资源的容量是否溢出是非常重要的。Petri 网的有界性是检查 Petri 网所描述的系统是否存在溢出的有效办法。当位置用于描述一个操作，该位置的安全性能够确保不会重复启动某一正在进行的操作。

(3) 活性。定义对于变迁 $t \in T$，在任一标识 $M \in R$ 下，若存在某一变迁序列 s，该变迁序列的触发使得此变迁 t 可触发，则称该变迁是活的。若一个 Petri 网的所有变迁都是活的，则称该 Petri 网是活的。

(4) 可逆性。定义一个 Petri 网是可逆的，若对于每一标识 $M \in R(M_0)$，满足 $M_0 \in R(M)$。若 $\forall M \in R(M_0)$，M_r 是从 M 可达的，则标识 $M_r \in R(M_0)$ 称为主宿状态。

可逆性能确保系统的周期性，例如标准层的施工。这一特性与主宿状态密切相关。主宿状态是从可达图的所有状态都可以达到的状态。可逆性是主宿状态的特例，若 $M_r = M_0$，即若主宿状态为初始标识，则系统是可逆的。另外，若 Petri 网包含一死锁，则它不可能是可逆的。

d Petri 网的可达图

从初始标识 M_0 开始，可能到达的 Petri 网标识。将所有这些标识及产生这些标识的变迁用一个图形来表示，图中的节点为标识，节点之间用表示变迁的带箭头的线连接，带箭头的线起端所连接的标识通过由该线所代表的变迁的触发，产生该线末端所连接的标识，这样的图称为可达图。必须注意，若 Petri 网是无界的或 Petri 网所描述的系统具有无限个状态，则可达图将无止境扩展。

可达图可用来形象地描述从初始标识 M_0 出发的所有可能启动序列的集合，它是将 $R(M_0)$ 的各个标识作为节点，以从 M_0（根节点）到各个节点的触发系列为分支所画成的图，如图 3-22 是图 3-21 Petri 网模型的可达图。可达图中的圆表示 Petri 网模型的一个标识，圆中的数字分别表示位置 p_0、p_2 和 p_3 中的标记数。由于此 Petri 网模型是无界的，所以它的状态标识有无穷多个，因此其对应的可达图也是无止境的。

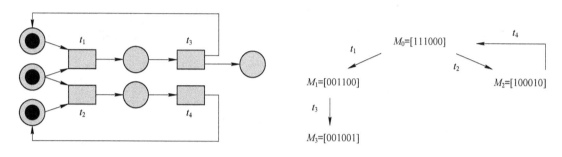

图 3-21 Petri 网示意图   图 3-22 Petri 网可达图

e Petri 网的基本结构

图 3-23 是一个基本网系统 Σ_1，Σ_1 存在并发、顺序、同步、冲突结构。

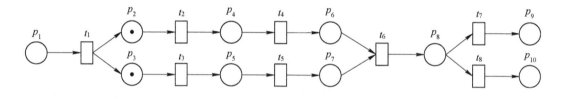

图 3-23 一个基本网系统 Σ_1

（1）并发。如果两事件在某情态下都有发生权，并且其中任何一个的发生都不会使另一个失去发生权，则这两个因果上的无依赖性的事件是并发的关系。在当前情态下，事件 t_2 和 t_3 处于并发关系。

（2）顺序。变迁之间是先后限制的关系。t_4 的发生权通过 t_2（在 c_0）的发生获得；t_5 的发生权通过 t_3（在 c_0）的发生获得。t_2 和 t_4 是顺序关系，t_3 和 t_5 是顺序关系。

（3）同步。从情态 c_0 发生事件串 t_2t_4，得到情态。这时只有等待事件串 t_3t_5 发生后，事件 t_6 才有发生权。反之，如果从情态 c_0 发生事件串 t_3t_5，得到情态。这时只有等待事件串 t_2t_4 发生后，事件 t_6 才有发生权。可见，事件 t_6 起到了使两个并发的事件串 t_2t_4 和 t_3t_5 同步的作用。

（4）冲突。t_6 的发生，得到情态。在情态 c_3 下 t_7 和 t_8 都可能发生。但如果 t_7 发生，产生新的情态，t_8 在情态 c_4 下失去了发生权。反之亦然。t_7 和 t_8 在情态 c_3 下处于冲突关系。解决冲突的方法是赋予某个变迁优先权或在变迁之间分配使能的发生概率。

（5）冲撞。在图 3-24 的基本网系统 Σ_2 中，在情态下，t_1 和 t_2 都是可以发生的。然而他们当中只能一个发生，同时，其中的任一事件发生，都会使另一个失去发生权。如果 t_1 发生，产生新的情态，t_2 失去发生权的原因不是 $\cdot t_2$ 不满足条件，而在于 $t_2 \cdot$ 不满足条件。即 $c_0 \ [t_1 > c_1 \rightarrow c_1 \cap t_i \neq \phi]$。这种情况称为冲撞。

（6）混惑。一个网系统中同时存在并发和冲突，这种现象称为混惑。图 3-25（a）中冲突有可能随并发事件的发生而消失；图 3-25（b）中可能出现冲突，也可能不出现冲突。

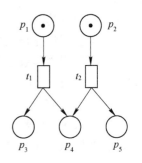

图 3-24   一个由冲撞引起冲突的基本网系统 Σ_2

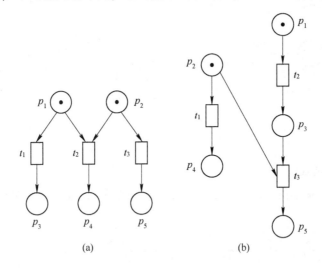

(a)   (b)

图 3-25   存在混惑的 EN 系统

基本网系统中存在的并发、冲突等结构，在一般 Petri 网中也存在，且含义基本相同。但由于不同的网系统的变迁发生规则有所不同，因此有些概念在不同的网系统中表现也略有区别。

f   赋时 Petri 网

对于建筑施工这样的人造系统，性能要求与系统的时间，即与事件发生的时间及所延续时间有关，如施工中的工序进度、生产率等。由于基本 Petri 网不包含时间，它们不可能建立考虑时间的建筑施工进度计划模型并用于系统性能分析。为了满足描述事件发生所经历的时间的需要，Ramchandani 率先在 Petri 网中引入了时间，从而提出了赋时 Petri 网。赋时 Petri 网有多种类型，有将时间与变迁相关联的赋时变迁 Petri 网，时间与位置相关联的赋时位置 Petri 网和时间与输出弧相关联的赋时弧 Petri 网。

赋时 Petri 网（TPPN）定义为一个 6 元组：

$$\text{TPPN} = (P, T, I, O, M_0, D)$$

式中，P、T、I、O、M_0 与基本 PN 的定义相同；$D = \{d_1, \cdots, d_n\}$ 为所有变迁的时延集，其中 d_i 为变迁 t_i 的时延。

TPPN 也都具有基本 PN 的那些性能，如可达性、活性等。但由于时间概念的引入，有界性将发生一些变化，即某一非有界的基本 PN 当引入一定的时间后，可能变得有界了。这是由于考虑有界性时所涉及的标记应为可利用标记，某一位置中的某些标记在其他标记变得可利用前就已经从该位置中移走。因此在 TPPN 中这一位置所包含的最大可利用标记数量势必小于基本 PN 中这一位置所包含的最大标记数，使得非有界的位置可能变得有界。

3.2.2 基于 Petri 网的机群单任务配置建模方法

对工程机械机群作业模拟的传统方法存在时间跨度过大、资源的估计不准确等缺点，对作业时间的估计过于粗略。由于 Petri 网是一种具有严格数学分析功能并可直观表示的建模技术，在工作流建模领域被广泛应用。其具有强大的离散事件仿真能力及成熟的过程分析描述能力，可以直观地描述作业过程的动态变化，在对工程机械转运土石方的模拟上拥有独特优势。

3.2.2.1 Petri 网建模原理

工程机械作业过程是动态的离散过程，为了在 Petri 网建模过程中对各项标志区别开，采用着色 Petri 网的建模方法。工程机械作业工序之间的搭接关系可以用着色 Petri 网中变迁之间的流关系表示。

库所集和变迁集是有向网的基本成分，流关系是从它们构造出来的。每个库所代表一种资源，资源的流动由流关系规定。将工程机械作为库所的元素，机械和土石方的状态变化过程作为变迁来建立 Petri 网仿真模型，可以描述机械作业系统的动态变化情况。

从作业过程来看，工程机械的作业循环主要包括：取土装载、运土、卸土、返回等。实际作业中常用的机械化作业方法可归纳为：推土机作业法、装载机作业法、装载机+自卸车协同作业法、挖掘机+自卸车协同作业法、挖掘机+装载机协同作业法等作业形式，如图 3-26 所示。

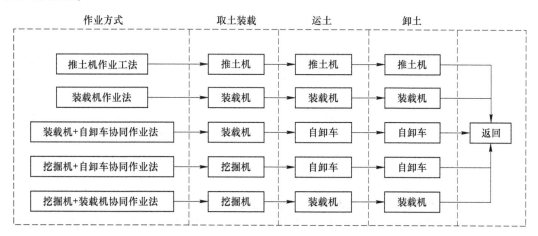

图 3-26 工程机械的作业循环示意图

一个作业循环可按图 3-27 的 Petri 网模型表示。

3.2.2.2 基于模糊时间 Petri 网的作业过程分析

在工程机械实际作业过程中，不可避免地会有各种各样的因素影响，导致工序历时的不确定性。同一工序即使是在相同的条件下所经历的时间也不尽相同，经过统计可以发现

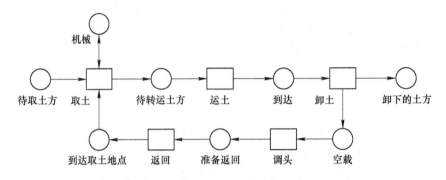

图 3-27　机械作业循环 Petri 网模型

这个时间值是具有随机性的。虽然工程机械作业工序的时间是不确定的，但根据机械的设计和使用经验，工序时间往往都在某个固定区间。因此，可利用模糊时间 Petri 网分析其作业过程，从而进一步计算工程机械的作业率。

定义 3.2　模糊时间 Petri 网（FTPN，Fuzzy Timed Petri Net）是一个五元组，FTPN = (P, T, F, D, M_0)，其中：

（1）P、T、F、M_0 是基本网，T 的触发需要一定的时间（模糊时间变迁）；

（2）D 是一个模糊三角数（l，m，u），表示对应变迁的触发时间。其中 l、m、n 分别为乐观时间、最可能完成时间、悲观时间[7]。

在模糊时间 Petri 网中，时间因素一般以 $[l, m, n]$ 的形式表示在变迁上方。以推土机作业循环为例，其模糊时间 Petri 网模型如图 3-28 所示。

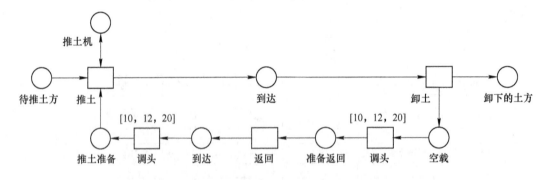

图 3-28　推土机作业循环模糊时间 Petri 网模型

3.2.2.3　基于 CPN Tools 的机群作业仿真方法

在建立了作业循环 Petri 网模型后，利用 Petri 网仿真软件 CPN Tools 模拟作业的过程，可以更加直观地描述其动态特性。

A　CPN Tools

CPN Tools 是丹麦奥尔胡斯大学（University of Aarhus）开发的用于编辑、仿真和分析着色 Petri 网的工具。CPN Tools 对分析模糊时间 Petri 网模型具有强大的仿真能力，其采用 Standard ML 语言对模型进行描述和控制，实现定量仿真[8]。

图 3-29 以一个简单地模型展示了 CPN Tools 的操作环境。左边的矩形区是索引区，它

包括 Toolbox（工具箱），包含工具可用于构成 CPN 模型的声明和模块。屏幕中余下的部分是工作区，可分为两个部分，一部分包含 CPN 模型的元素，即模块和声明；另一部分包括工具面板，其中包含用户用于创建和操纵 CPN 模型的工具。

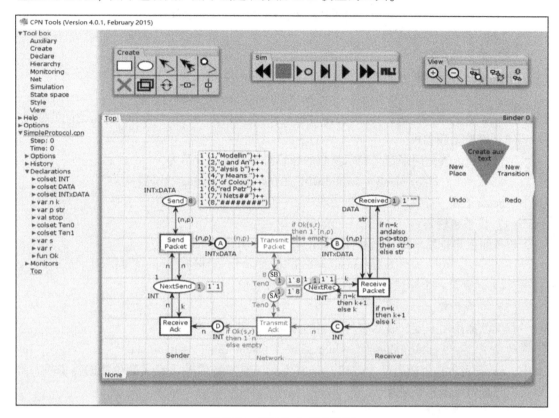

图 3-29　CPN Tools 操作界面

CPN Tools 的基本单元包括库所、变迁、弧、颜色集声明，由 Standard ML 语言为数据类型定义、数据操作描述、创建紧凑的可参数化的模型。

变迁表示模具开发活动中的执行任务，在该过程中对应有两类变迁：实变迁和空变迁。实变迁在过程模型中代表实际的执行活动，空变迁在过程模型中不代表实际的执行活动，只是出于语法和结构的需要才架构出来的（如：emp1 和其他以 emp 开头的变迁）。在 CPN Tools 中，一个变迁通常有 4 个参数组成：变迁名称、变迁守卫函数、变迁时间延迟、变迁执行代码，其中每个变迁必须有唯一的名称来标示，其他几个参数根据需要可以省略。

库所表示模具开发活动过程中活动执行的状态，在 CPN Tools 中，通常用三个参数来标示一个库所：名称、库所数据类型和初始标记，库所数据类型用来标示该库所接受什么样数据类型的标记，是标示一个库所必不可少的，其他参数可根据情况省略。在初始状态下，开始库所一般都要有初始标记。

连接弧用来表示库所和变迁的连接关系，分为有输入弧和输出弧。每条弧必须要有绑定函数或执行代码，用来标示输出或输入的参数或执行代码。

在 CPN Tools 中，使用 CPN ML 语言来定义规范和描述网络，主要包括颜色集、多重集、变量、函数、值、注入式等几方面内容。

a 颜色集

（1）布尔颜色集。

布尔颜色集是用来定义表示布尔值的标识符，其语法表示为

$$color\ name = bool[\ with(new\_false,\ new\_true)\ ];$$

其中，name 表示一个标识符。

（2）整数颜色集。

整数颜色集是用来定义表示整数的标识符，其语法表示为

$$color\ name = int[\ with\ int\text{-}exp\ 1\cdots int\text{-}exp\ n\ ];$$

其中，name 表示一个标识符，该语法表示将该标识符限制为 int-exp 1 与 int-exp n 之间的整数。

（3）字符型颜色集。

字符型颜色集是用来定义表示整数的标识符，其语法表示为

$$color\ name = string[\ with\ string\text{-}exp\ 1\cdots string\text{-}exp\ n\ ];$$

其中，name 表示一个标识符。

（4）枚举颜色集。

枚举颜色集是用来定义表示枚举值的标识符，其语法表示为

$$color\ name = with\ id\ 0\ |\ id\ 1\ |\cdots|\ id\ n;$$

其中，name 表示一个标识符；id 0⋯id n 表示枚举值。

（5）积颜色集。

积颜色集是用来定义表示多种类型的标识符，其语法表示为

$$color\ name = product\ name\ 1 * name\ 2 * \cdots * name\ n;$$

其中，name 表示一个标识符，n≥2，name 1⋯name n 必须是已定义颜色集的标识符，标识符之间进行笛卡尔积运算。

（6）记录颜色集。

记录颜色集是用来定义表示记录的标识符，其语法表示为

$$color\ name = record\ id\ 1: name\ 1 * id\ 2: name\ 2 * \cdots * id\ n: name\ n;$$

其中，name 表示一个标识符。

（7）赋时颜色集。

赋时颜色集是用来定义表示时间延迟的标识符，其语法表示为

$$color\ name = \cdots timed$$

其中，name 表示一个标识符，为了能够依据时间运行仿真，网络中至少需要将一种颜色进行赋时操作。

b 赋时多重集

在仿真的时候，每个托肯有一个时间戳来表示时间延迟。如果库所有赋时颜色集，则在其颜色 c 上添加时间 t 表示时间延迟，那么颜色 c 上的时间戳等于当前建模时间加上 t 值。@ 、@ + 和@ @ + 操作符被用于在颜色集上添加时间戳。

c 变量

变量的声明语法表示为

$$var\ id\ 1,\ id\ 2,\ \cdots,\ id\ n: cs\_name$$

其中，id 必须是一个标识符；cs_name 是一个先前已经声明的颜色集的名字。

d 函数

（1）声明函数。

函数语法表示为

$$\text{fun id pat } 1 = \text{exp } 1$$
$$| \text{id pat } 1 = \text{exp } 2$$
$$| \quad \cdots$$
$$| \text{id pat } n = \text{exp } n$$

其中，exp 1，exp 2，…，exp n 类型要相同。

（2）本地声明。

本地声明用 let 结构表示，let 结构可在函数定义中定义局部变量，也可在代码段中使用，其语法表示为

$$\text{let}$$
$$\text{val pat1} = \text{exp } 1$$
$$\text{val pat1} = \text{exp } 2$$
$$\cdots$$
$$\text{val pat1} = \text{exp } n$$
$$\text{in}$$
$$\text{exp}$$
$$\text{end}$$

（3）控制结构。

控制结构包括两种形式，分别是 if-then-else 和 case。if-then-else 结构语法表示为 if bool-exp then exp 1 else exp 2，其中 exp 1 和 exp 2 类型要相同。

case 结构语法表示为

$$\text{case exp of}$$
$$\text{pat } 1 => \text{exp } 1$$
$$| \text{pat } 2 => \text{exp } 2$$
$$| \quad \cdots$$
$$| \text{pat } n => \text{exp } n$$

其中，exp 1，exp 2，…，exp n 类型要相同。

e 值

一个值的声明是将该值赋给一个标识符，然后标识符作为一个常数，其声明语法表示为

$$\text{val id} = \text{exp}$$

其中，id 是一个标识符；exp 是一种 CPN 标识语言表达式，该表达式表示该值被赋给了对应的标识符。

f 注入式

注入式和 CPN 网络的组件有关，比如库所、弧及变迁，一些注入式可以影响网络的行为，另外一些并不影响网络行为。库所注入式包括颜色设置、初始标识和库所名称；变迁注入式包括变迁名称、警卫函数、时间延迟和代码段。

B 作业循环仿真

作业循环仿真的关键是变迁时间的表达。在 CPN Tools 中，通过在变迁或弧上注入时延来表达项目群任务的时间属性。

对于任务执行的时延表达，由于任务执行的时延可以是一个定值、均值或者服从一定的分布，在 CPN Tools 中可以用变迁的时间延迟来表达。在变迁上添加时延是通过在变迁上添加注入式：@+时间延迟来完成。

图 3-30 表示变迁 t_1 的执行时间为 5 个时间单位的定值或均值。

图 3-31 表示变迁 t_1 执行时间服从均值为 2.0，方差为 0.5 的正态分布，返回值为实数，用 round 变换成整数（CPN Tools 目前只支持整数仿真时间）。CPN Tools 还有许多内置常用函数，可以在建模时方便调用，也可以自定义函数。

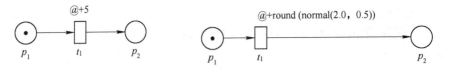

图 3-30 定值/均值时延的建模表示   图 3-31 服从正态分布延时的建模表示

为了模拟模糊区间 $[a, b, c]$，定义函数 Fuzzytime (a, b, c)[9]如下。

循环执行如下步骤，直到计算出一个值：

(1) 在区间 $[a, c]$ 范围内随机产生一个值 x；

(2) 在区间 $[0, 1]$ 范围内随机产生一个值 y；

(3) 如果 $x=b$ 则返回 x，如果 x 在区间 $[a, b)$，$(b, c]$ 内，则计算可能性值 $D(x)$；

(4) 如果 $D(x) \geqslant y$，则返回 x，否则执行 (1)。

由于在利用 CPN Tools 实现模型仿真时，时间只能用整数表示。因此，为了得到理想结果，将单位时间扩大 100 倍。其函数声明如图 3-32 所示。

```
▼fun Fuzzytime(a,b,c):int=
  let
    val x=uniform(a,c)
    val y=uniform(0.0,1.0)
  in
    if(a<=x andalso x<=b) then
      let
        val h=(x-a)/(b-a)
      in
        if (y>h)
        then Fuzzytime(a,b,c)
        else round(x* 100.0)
      end
    else
      if(b<x andalso x<=c) then
        let
          val h =(b-x)/(b-c)
        in
          if (y>h)
          then Fuzzytime(a,b,c)
          else round(x* 100.0)
        end
      else Fuzzytime(a,b,c)
  end;
```

图 3-32 函数 Fuzzytime 声明

以某型推土机推土作业循环为例，取平均运距为 50m，每铲推土量 2m³，推土速度 6.6km/h，返回速度 10.6km/h，待推土方 40m³。仿真模型如图 3-33 所示，各库所和变迁的含义见表 3-2。

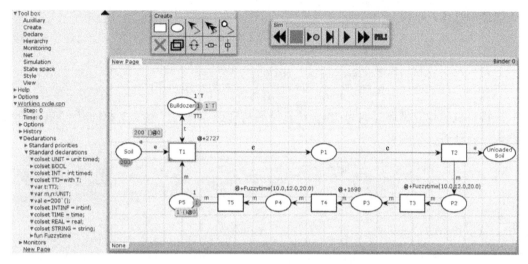

图 3-33 某型推土机作业循环 CPN 模型

表 3-2 库所和变迁含义

库所	变迁
Bulldozer：推土机	T1：推土
Soil：待推土方	T2：卸土
Unloaded Soil：卸下的土方	T3：调头
P1：到达卸土地点	T4：返回
P2：空载	T5：调头
P3：准备返回	—
P4：到达推土地点	—
P5：准备推土	—

运行模型，可以得到仿真时间，即该推土机的作业循环时间，如图 3-34 所示。

从图 3-34 可以看出，模型仿真时间为 6751 个单位时间，即一个作业循环的时间为 67.5s。某型推土机作业循环时间还可以采用三角模糊数进行计算，其计算公式为

$$\left.\begin{aligned} t_0 &= \frac{L}{V_1} + \frac{L}{V_2} + 2t_{调} \\ t_{调} &= \frac{t_1 + 4t_m + t_n}{6} \end{aligned}\right\} \tag{3-11}$$

式中　L——运土距离，m；

　　　V_1——推土速度，m/s；

　　　V_2——回程速度，m/s；

　　　$t_{调}$——一次调头所需时间，s；

　　　t_1——乐观时间，s；

　　　t_m——最可能时间，s；

　　　t_n——悲观时间，s。

根据公式计算可得

$$t_调 = \frac{10 + 4 \times 12 + 20}{6} = 13$$

$$t_0 = \frac{50 \times 3.6}{6.6} + \frac{50 \times 3.6}{10.6} + 2 \times 13 = 70$$

该推土机的作业循环时间为 70s。仿真结果与理论计算的误差为 3.6%，误差在可允许范围内，验证了模型的可信性。

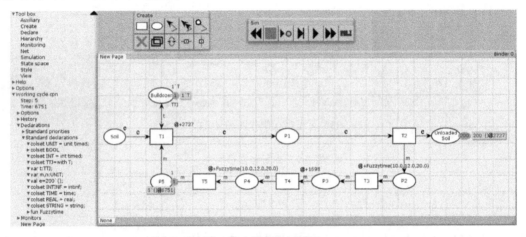

图 3-34　模型运行结果

C　机群排队作业仿真

图 3-35 给出了一个基本的排队系统框架。顾客或请求（记为 job）通过替代变迁 Arrivals 产生并加入队列（库所 Queue）中，服务台通过替代变迁 Sever 对 job 进行某种调度策略的响应，服务完成后将 job 送入库所 Completed。相关的变量声明 ML 如图 3-36 所

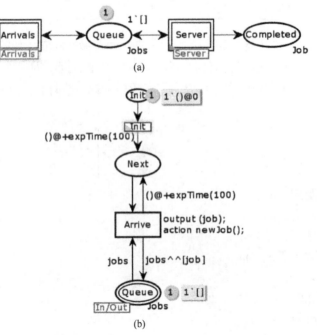

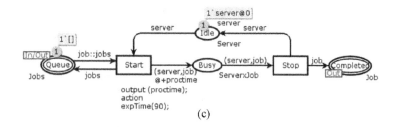

图 3-35 排队模型的 CPN 基本框架

（a）system 主页；（b）Arrivals 子页；（c）Sever 子页

```
▼Declarations
  ▼SYSTEM DECLS
    ▼colset UNIT = unit timed;
    ▼colset INT = int;
    ▼var proctime : INT;
    ▼colset Server = with server timed;
    ▼colset JobType = with A | B;
    ▼colset Job = record
        jobType : JobType*
        AT : INT;
    ▼var job: Job;
    ▼colset Jobs = list Job;
    ▼var jobs: Jobs;
    ▼colset ServenxJob = product Server * Job timed;
    ▼fun expTime (mean: int) =
        let
        val realMean = Real.fromInt mean
        val rv = exponential((1.0/realMean))
        in
        floor (rv+0.5)
        end;
    ▼fun intTime() =
        IntInf.toInt (time());
    ▼fun newJob() =
        {jobType = JobType.ran(),
        AT      = intTime()}
```

图 3-36 变量声明

示，其中 inittime、lamda、mu 分别为队列的初始化时间、job 到达的平均时间间隔、服务台服务的平均服务时间长度。

输入过程是描述当前 job 来源及 job 按照怎样的规律抵达排队系统，主要从三个方面进行描述：

（1）根据 job 的总体数目，分为有限 job 源和无限 job 源；

（2）根据到达类型，分为单个到达和成批到达；

（3）根据相继到达的到达时间间隔服从什么样的概率分布、到达间隔是否独立，大致分为负指数分布、K 阶爱尔朗分布、泊松分布等。

以 4 台装载机排队装卸土石为例，图 3-37 展示了其排队系统模型。

图 3-37 描述了装载机装卸排队过程的总体结构、装载机到达过程及作业排队过程，模拟了单服务台排队系统。机械（记为 job）通过替代变迁 Arrive 产生并加入队列（库所 Queue）中，到达时间间隔服从负指数分布（expTime 函数）。服务台通过替代变迁 Server 对 job 进行服务，即装载机到达后开始装载，作业时间间隔服从负指数分布（expTime 函数）。满载完成后将 job 送入库所 Loaded，然后进入变迁 Unload 开始卸土，最后加入队列 Queue 完成一次循环。相关的变量和颜色集声明如图 3-38 所示，其中 lamda、mu 分别表示平均到达时间间隔和平均服务时间，此处都取 10 个单位时间。

假设装载机平均到达时间间隔为 10 个单位时间，平均装载时间为 10 个单位时间，推

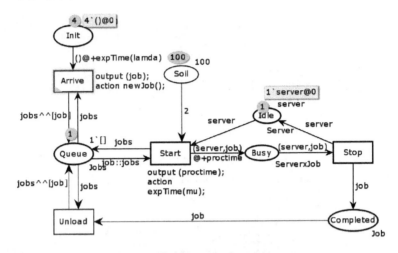

图 3-37 装载机排队装卸过程 CPN 模型

```
▼SYSTEM DECLS
    ▼colset UNIT = unit timed;
    ▼colset INT = int;
    ▼var proctime : INT;
    ▼colset Server = with server timed;
    ▼colset JobType = with A | B;
    ▼colset Job = record
        jobType : JobType *
        AT : INT;
    ▼var job: Job;
    ▼colset Jobs = list Job;
    ▼var jobs: Jobs;
    ▼colset ServerxJob = product Server * Job timed;
    ▼fun expTime (mean: int) =
        let
        val realMean = Real.fromInt mean
        val rv = exponential((1.0/realMean))
        in
          floor (rv+0.5)
        end;
    ▼fun intTime() =
        IntInf.toInt (time());
    ▼fun newJob() =
        {jobType = JobType.ran(),
         AT      = intTime()}
    ▼val lamda=10;
      val mu=10;
```

图 3-38 变量和颜色集声明

土机平均装土时间为 5 个单位时间, 待装载的土方量为 100 个单位, 单次装载土方量为 2 个单位, 对系统模型进行仿真。通过监视器功能 Data Collection 得到仿真结果如图 3-39 所示。

Timed statistics					
Name	Count	Avrg	Min	Max	Time Interval
Simulation_time	156	0.000000	0	0	493

Simulation steps executed: 154
Model time: 493

图 3-39 系统仿真时间

从图 3-39 可以看出, 模型运行得到的仿真时间为 493 个单位时间。对模型仿真 100 次, 其结果如图 3-40 所示。

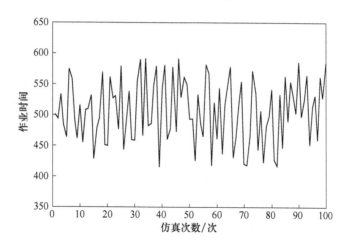

图 3-40 模型仿真 100 次结果

由 3.1.4 节式 (3-4) 计算得到的理论作业时间为 512.5，而仿真 100 次的平均作业时间为 506.1，误差为 1.2%，仿真值与理论值误差较小，可为工程实际接受，表明采用 CPN Tools 对排队系统建模仿真是有效的。

3.2.3 面向单任务的机群优化配置建模

一个完整的工程保障任务是一次性的，不具有重复性。但是把任务分解之后，任务的基础性工作都是具有重复性的。在基于 Petri 网的机群配置建模中，各任务的工程量、任务用时、机群的组成都不具有大量重复性，但是这些任务都是由基础部分组成的，工程机械的作业循环和排队作业可以看作遂行任务的基础部分。在实际运用中，工程机械主要担负抢修原有道路、构筑停机坪、构筑掩体等任务，本节分别介绍建立面向单任务的机群优化配置模型。

3.2.3.1 机群单任务配置 Petri 网模型

A 抢修原有道路机群配置 Petri 网模型

抢修原有道路，主要包括克服路基崩塌、克服土石阻塞、克服弹坑。其中，克服路基崩塌主要是利用工程机械实施挖土装载、运土卸土、平整等土方作业，通常采用推土机作业法和装载机作业法。克服土石阻塞和克服弹坑分别采用装载机与自卸车协同、挖掘机与自卸车协同的方法，弹坑填土后，还需利用压路机压实土方。

在 CPN Tools 上建立抢修原有道路任务的机群配置模型，如图 3-41 所示。

图 3-41 表示的任务由三个部分组成，从上到下依次为克服路基崩塌、克服土石阻塞、填塞弹坑。克服路基崩塌由推土机和挖掘机同时展开，共同完成取土、运土、卸土，最后由推土机平整土方。其中推土机调头和装载机卸土的时间均由三角模糊数表示。克服土石阻塞和填塞弹坑的作业过程由单服务台排队系统模型表示，自卸车（Dumpers）通过变迁 Dumpers Arrive 产生并加入队列库所 Queue 中，到达时间间隔服从负指数分布。服务台装载机（Loaders）或挖掘机（Excavators）对自卸车进行服务，即自卸车到达后开始装车，作业时间间隔服从负指数分布。满载完成后将自卸车送入库所 Completed，然后进入变迁

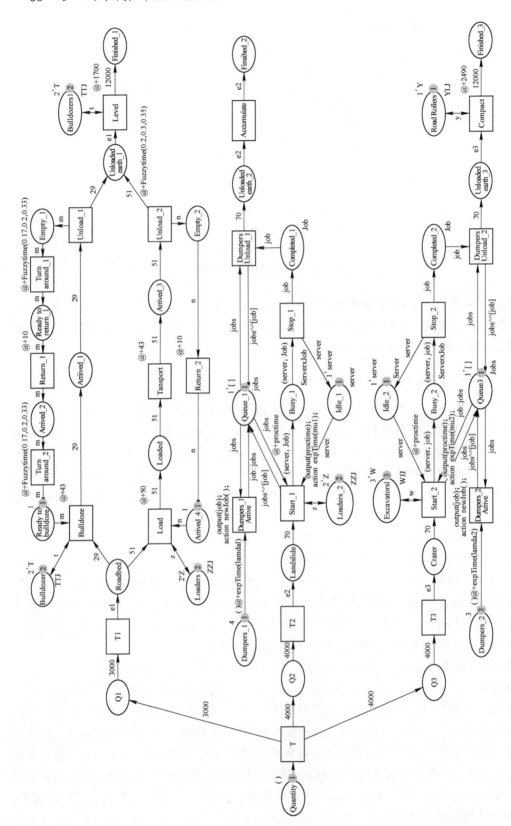

图3-41 抢修原有道路任务机群配置CPN模型

Dumpers Unload 开始卸土,最后加入队列 Queue 完成一次循环。当完成的土石方量达到设定的工程量时,即 token 全部转移到库所 Finished 时,视为任务完成,此时的仿真时间即任务完成时间。

B　构筑停机坪机群配置 Petri 网模型

构筑停机坪可分为构筑坪基和构筑掩蔽部两个部分。构筑坪基由推土机和装载机完成,构筑掩蔽部由挖掘机、自卸车和推土机协同完成。在 CPN Tools 上建立构筑停机坪任务的机群配置模型,如图 3-42 所示。

图 3-42 表示的任务由两个部分组成,上下两部分分别为构筑坪基和构筑掩蔽部。构筑坪基由推土机和挖掘机同时展开,共同完成取土、运土、卸土,最后由推土机平整。构筑掩蔽部又分为两个部分,首先由自卸车配合挖掘机挖掘取土,之后由推土机修整掩蔽部。挖自配合过程由排队系统模型表示,推土机修整过程用作业循环模型表示,各变迁和库所的含义与前文相同。当完成的土石方量达到设定的工程量时,即 token 全部转移到库所 Finished 时,视为任务完成,此时的仿真时间即任务完成时间。

C　构筑掩体机群配置 Petri 网模型

构筑掩体的任务一般由挖掘机和推土机完成。挖掘机挖掘平底坑,再由推土机转运土方和平整。在 CPN Tools 上建立的构筑掩体任务的机群配置模型如图 3-43 所示。

构筑掩体首先需要挖掘机开挖土方,然后再由推土机修整掩体。图 3-43 展示了挖掘机和推土机的作业循环,时间的表示方法不变,当 token 全部转移到库所 Finished 时,视为任务完成。

3.2.3.2　以最短时间为目标的机群优化配置模型

最小化任务完成时间是工程保障任务的首要目标。工程机械在遂行任务时,一般采用平行作业的方式,即各机械在不同路段上同时展开作业,最晚完成部分的作业时间即总任务完成时间。

A　抢修原有道路任务

a　数学模型

根据模型表示的作业过程,克服路基崩塌的作业时间可表示为

$$t_{1a} = \frac{Q_{1a}^1}{K \sum_{n=1}^{n_1} T_{1a}^n S_{T1}^n + K \sum_{n=1}^{n_3} Z_{1a}^n S_Z^n} + \frac{Q_{1a}^2}{K \sum_{n=1}^{n_1} T_{1a}^n S_{T2}^n} \tag{3-12}$$

式中　K——影响系数;

Q_{1a}^1——路基崩塌的工程量,m^3;

Q_{1a}^2——克服路基崩塌需平整的工程量,m^3;

T_{1a}^n——克服路基崩塌的第 n 类推土机数量,台;

Z_{1a}^n——克服路基崩塌的第 n 类装载机数量,台;

S_{T1}^n——克服路基崩塌的第 n 类推土机推土作业率,m^3/h;

S_{T2}^n——克服路基崩塌的第 n 类推土机平整作业率,m^2/h;

S_Z^n——克服路基崩塌的第 n 类装载机作业率,m^3/h。

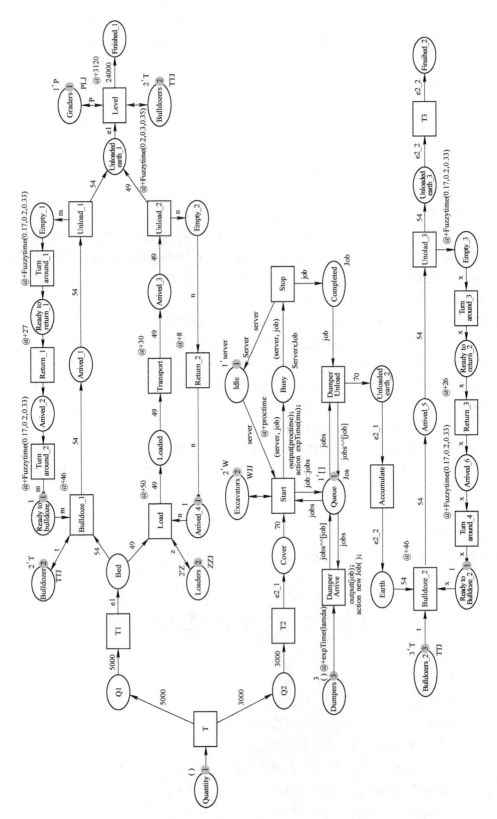

图3-42 构筑停机坪任务机群配置CPN模型

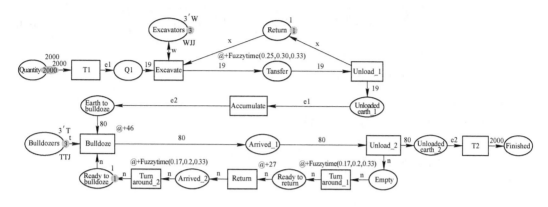

图 3-43　构筑掩体任务机群配置 CPN 模型

克服土石阻塞的作业时间可表示为

$$t_{1b} = \frac{Q_{1b}}{KV_C\mu_C}\left\{1 - \left[\sum_{n=0}^{C_{1b}} \frac{C_{1b}!}{(C_{1b}-n)!}\left(\frac{\lambda_{1b}}{\mu_{1b}}\right)^n\right]^{-1}\right\}^{-1} \tag{3-13}$$

式中　K——影响系数；

　　Q_{1b}——土石阻塞的工程量，m^3；

　　V_C——自卸车容量，m^3；

　　C_{1b}——克服土石阻塞的自卸车数量，台；

　　λ_{1b}——自卸车平均到达率，台/h；

　　μ_{1b}——自卸车装车平均服务率，台/h。

其中，自卸车装车平均服务率即单位时间内由装载机装满的自卸车数量，根据装载机装车的时间，装车服务率为 75 车/h，则

$$\mu_C = \frac{\mu_Z \sum\limits_{n=1}^{n_3} V_Z^n Z_{1b}^n}{V_C} \tag{3-14}$$

取自卸车平均运距为 100m，自卸车循环时间为 2min，则

$$\frac{\lambda_{1b}}{\mu_{1b}} = \frac{1}{0.02\sum\limits_{n=1}^{3} V_Z^n Z_{1b}^n + 1} \approx 1$$

求得

$$t_{1b} = \frac{Q_{1b}}{75K\sum\limits_{n=1}^{n_3} V_Z^n Z_{1b}^n}\left\{1 - \left[\sum_{n=0}^{C_{1b}} \frac{C_{1b}!}{(C_{1c}-n)!}\right]^{-1}\right\}^{-1} \tag{3-15}$$

式中　K——影响系数；

　　Z_{1b}^n——克服土石阻塞的第 n 类装载机数量；

　　V_Z^n——克服土石阻塞的第 n 类装载机铲斗容量，m^3。

克服弹坑的作业时间可表示为

$$t_{1c} = \frac{Q_{1c}^1}{KV_C\mu_C}\left\{1 - \left[\sum_{n=0}^{C_{1c}} \frac{C_{1c}!}{(C_{1c}-n)!}\left(\frac{\lambda_{1c}}{\mu_{1c}}\right)^n\right]^{-1}\right\}^{-1} + \frac{Q_{1c}^2}{KY_{1c}S_Y} \qquad (3\text{-}16)$$

式中　K——影响系数；

　　Q_{1c}——克服弹坑的工程量，m^3；

　　V_C——自卸车容量，m^3；

　　C_{1c}——克服弹坑的自卸车数量，台；

　　λ_{1c}——自卸车平均到达率，台/h；

　　μ_{1c}——自卸车装车平均服务率，台/h。

同理，可得

$$\frac{\lambda_{1c}}{\mu_{1c}} = \frac{1}{0.06\sum_{n=1}^{3} V_W^n W_{1c}^n + 1} \approx 1$$

则有

$$t_{1c} = \frac{Q_{1c}^1}{200K\sum_{n=1}^{n_2} V_W^n W_{1c}^n}\left\{1 - \left[\sum_{n=0}^{C_{1c}} \frac{C_{1c}!}{(C_{1c}-n)!}\right]^{-1}\right\}^{-1} + \frac{Q_{1c}^2}{KY_{1c}S_Y} \qquad (3\text{-}17)$$

所以，以最短时间为目标的抢修原有道路任务机群配置模型为

$$\min t_1 = \max\{t_{1a}, t_{1b}, t_{1c}\}$$

$$s.\,t\begin{cases}\max\{t_{1a}, t_{1b}, t_{1c}\} \leqslant t_限 \\ U_{1a}^j + U_{1b}^j + U_{1c}^j \leqslant U^j \quad (j = 1, 2, \cdots, N)\end{cases} \qquad (3\text{-}18)$$

式中，U 为各类工程机械的数量。约束条件指各部分任务必须在限定时间内完成，且执行任务的各类工程机械数量不能超过现有数量。

　　b　仿真验证

暂不考虑环境因素影响，设克服路基崩塌、克服土石阻塞、克服弹坑三个部分的工程量与遂行各部分任务的过程机械数量见表 3-3 中数值。仿真时间以分钟为单位，并将单位时间扩大 100 倍，工程量数值扩大 10 倍，仿真模型的运行结果如图 3-44 所示。

表 3-3　工程量与各部分工程机械配置数量

任务组成	工程量		工程机械种类数量				
	m^3	m^2	Ⅰ型推土机	Ⅰ型挖掘机	Ⅰ型装载机	压路机	自卸车
克服路基崩塌	300	1200	2	0	2	0	0
克服土石阻塞	400	0	0	0	2	0	4
填塞弹坑	400	1200	0	2	0	1	3

从 3 个部分的库所 Finished 的时间戳可以看出各部分任务完成的时间，分别为 6193、6207、8608 个单位时间。将其转换为实际时间即分别为 1.03h、1.03h、1.43h。将模型运

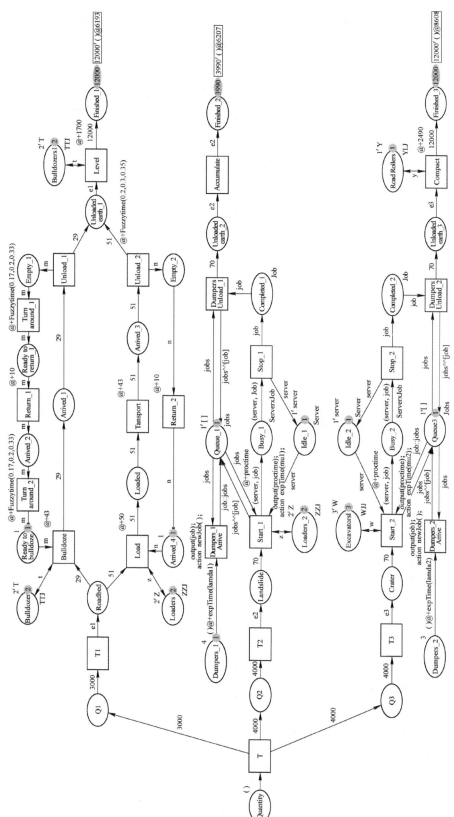

图3-44 模型运行结果

行 50 次，仿真时间的平均值与式（3-15）~式（3-17）计算值的对比见表 3-4。

表 3-4 仿真时间平均值与计算值对比

时间	仿真 50 次平均值/h	计算值/h	误差/%
克服路基崩塌时间	1.03	1.01	1.98
克服土石阻塞时间	1.09	1.06	2.83
克服弹坑时间	1.23	1.31	6.11

可见，仿真结果与理论计算结果接近，验证了模型的可信性。按照表 3-3 的机群配置方案，填塞弹坑用时最长，该任务的完成时间为 1.31h。

B 构筑停机坪任务

a 数学模型

根据模型表示的作业过程，构筑坪基的作业时间可表示为

$$t_{2a} = \frac{Q_{2a}^1}{K\sum_{n=1}^{n_1} T_{2a}^n S_{T1}^n + K\sum_{n=1}^{n_3} Z_{2a}^n S_Z^n} + \frac{Q_{2a}^2}{K\sum_{n=1}^{n_1} T_{2a}^n S_{T2}^n + K\sum_{n=1}^{n_4} P_{2a}^n S_P^n} \quad (3\text{-}19)$$

式中 K——影响系数；

Q_{2a}^1——构筑坪基工程量；

Q_{2a}^2——平整坪基工程量，即空地面积；

T_{2a}^n——构筑坪基的第 n 类推土机数量；

S_{T1}^n——克服土石阻塞的第 n 类推土机推土作业率；

S_{T2}^n——克服土石阻塞的第 n 类推土机平整作业率；

Z_{2a}^n——构筑坪基的第 n 类装载机数量；

S_Z^n——构筑坪基的第 n 类装载机作业率；

P_{2a}^n——构筑坪基的第 n 类平路机数量；

S_P^n——构筑坪基的第 n 类平路机作业率。

构筑掩蔽部的作业时间可表示为

$$t_{2b} = \frac{Q_{2b}}{200K\sum_{n=1}^{n_2} V_W^n W_{2b}^n} \left\{ 1 - \left[\sum_{n=0}^{C_{2b}} \frac{C_{2b}!}{(C_{2b}-n)!} \right]^{-1} \right\}^{-1} + \frac{Q_{2b}}{K\sum_{n=1}^{n_1} T_{2b}^n S_{T1}^n} \quad (3\text{-}20)$$

式中 K——影响系数；

Q_{2b}——掩蔽部工程量；

W_{2b}^n——构筑掩蔽部的第 n 类挖掘机数量；

V_W^n——构筑掩蔽部的第 n 类挖掘机挖斗容量；

C_{2b}——构筑掩蔽部的自卸车数量；

T_{2b}^n——构筑掩蔽部的第 n 类推土机数量；

S_{T1}^n——构筑掩蔽部的第 n 类推土机推土作业率。

所以，以最短时间为目标的构筑停机坪任务机群配置模型为

$$\min t_2 = \max\{t_{2a}, t_{2b}\}$$

$$s.t \begin{cases} \max\{t_{2a}, t_{2b}\} \leq t_{限} \\ U_{2a}^j + U_{2b}^j \leq U^j \quad (j = 1, 2, \cdots, N) \end{cases} \tag{3-21}$$

式中，U 为各类工程机械的数量。约束条件指各部分任务必须在限定时间内完成，且执行任务的各类工程机械数量不能超过现有数量。

b 仿真验证

同样，设构筑坪基、构筑掩蔽部两个部分的工程量与遂行各部分任务的过程机械数量见表 3-5 中数值。仿真时间以分钟为单位，并将单位时间扩大 100 倍，工程量数值扩大 10 倍，仿真模型的运行结果如图 3-45 所示。

表 3-5 工程量与各部分工程机械配置数量

任务组成	工程量		工程机械种类数量				
	m³	m²	II 型推土机	I 型挖掘机	II 型装载机	I 型平路机	自卸车
构筑坪基	500	2400	2	0	2	1	0
构筑掩蔽部	300	0	3	2	0	0	3

从两个部分的库所 Finished 的时间戳可以看出各部分任务完成的时间，分别为 9002、11209 个单位时间。将其转换为实际时间即分别为 1.50h、1.87h。将模型运行 50 次，仿真时间的平均值与式（3-19）和式（3-20）计算值的对比见表 3-6。

表 3-6 仿真时间平均值与计算值对比

时间	仿真 50 次平均值/h	计算值/h	误差/%
构筑坪基时间	1.49	1.46	2.1
构筑掩蔽部时间	1.83	1.71	7.0

可见，仿真结果与理论计算结果接近，验证了模型的可信性。按照表 3-5 的机群配置方案，构筑掩蔽部用时最长，该任务的完成时间为 1.71h。

C 构筑掩体任务

a 数学模型

构筑掩体的时间为

$$t_3 = \frac{Q_3}{K \sum\limits_{n=1}^{n_2} W_3^n S_W^n} + \frac{Q_3}{K \sum\limits_{n=1}^{n_1} T_3^n S_{T1}^n} \tag{3-22}$$

式中　K——影响系数；

Q_3——构筑掩体的总工程量；

T_3^n——构筑掩体的第 n 类推土机数量；

W_3^n——构筑掩体的第 n 类挖掘机数量；

S_{T1}^n——构筑掩体的第 n 类推土机推土作业率；

S_W^n——构筑掩体的第 n 类挖掘机作业率。

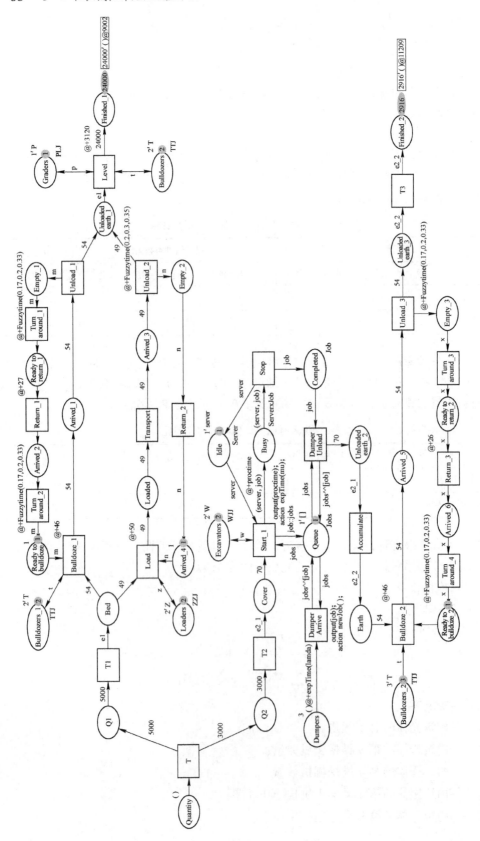

图3-45 模型运行结果

以最短时间为目标的构筑掩体任务机群配置模型为

$$\min t_3$$

$$\text{s. t} \begin{cases} t_3 \leqslant t_{限} \\ U_3^j \leqslant U^j \quad (j = 1, 2, \cdots, N) \end{cases} \tag{3-23}$$

式中，U 为各类工程机械的数量。约束条件指各部分任务必须在限定时间内完成，且执行任务的各类工程机械数量不能超过现有数量。

　b　仿真验证

　图 3-46 表示构筑掩体的工程量为 200m³，3 台挖掘机（型号 GJW111）和 3 台推土机（型号 TY220）参与了任务。运行模型，其仿真结果如图 3-46 所示，任务完成时间为 6188 个单位时间，即 1.03h。将模型运行 50 次，仿真时间的平均值与式（3-22）计算值的对比见表 3-7，可以看出模型是有效的。

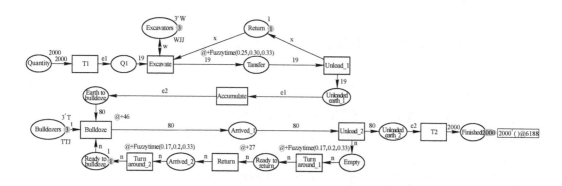

图 3-46　仿真结果

表 3-7　仿真时间平均值与计算值对比

时间	仿真 50 次平均值/h	计算值/h	误差/%
构筑掩体时间	1.08	1.01	6.9

　D　构筑工事任务

　构筑工事任务由构筑工事、构筑障碍物、构筑接近路和进出路三部分组成。构筑工事时间为

$$t_{4a} = \frac{Q_{4a}}{K \displaystyle\sum_{n=1}^{3} W_4^n S_W^n} \tag{3-24}$$

式中　K——影响系数；

　　Q_{4a}——工事工程量；

　　W_4^n——构筑工事的第 n 类挖掘机数量；

　　S_W^n——构筑工事的第 n 类挖掘机生产率。

　构筑障碍物时间为

$$t_{4b} = \frac{Q_{4b}}{200K \sum_{n=1}^{3} V_{W}^{n} W_{4b}^{n}} \left\{ 1 - \left[\sum_{n=0}^{C_{4b}} \frac{C_{4b}!}{(C_{4b} - n)!} \right]^{-1} \right\}^{-1} \quad (3-25)$$

式中 Q_{4b}——障碍物工程量；

W_{4b}^{n}——构筑障碍物的第 n 类挖掘机数量；

V_{W}^{n}——构筑障碍物的第 n 类挖掘机挖斗容量；

C_{4b}——构筑障碍物的自卸车数量。

构筑接近路、进出路时间为

$$t_{4c} = \frac{Q_{4c}^{1}}{K \sum_{n=1}^{4} T_{4c}^{n} S_{T1}^{n} + K \sum_{n=1}^{5} Z_{4c}^{n} S_{Z}^{n}} + \frac{Q_{4c}^{2}}{K \sum_{n=1}^{4} T_{4c}^{n} S_{T2}^{n}} \quad (3-26)$$

式中 K——影响系数；

Q_{4c}^{1}——构筑接近路、进出路的工程量；

Q_{4c}^{2}——构筑接近路、进出路需平整的工程量，即道路长宽之积；

T_{4c}^{n}——构筑接近路、进出路的第 n 类推土机数量；

Z_{4c}^{n}——构筑接近路、进出路的第 n 类装载机数量；

S_{T1}^{n}——构筑接近路、进出路的第 n 类推土机推土生产率；

S_{T2}^{n}——构筑接近路、进出路的第 n 类推土机平整生产率；

S_{Z}^{n}——构筑接近路、进出路的第 n 类装载机生产率。

以最短时间为目标的构筑工事任务机群配置模型为

$$\min t_4 = \max\{t_{4a}, \ t_{4b}, \ t_{4c}\}$$

$$\text{s. t} \begin{cases} U_{4a}^{nm} + U_{4b}^{nm} + U_{4c}^{nm} \leqslant 1 \\ \max\{t_{4a}, \ t_{4b}, \ t_{4c}\} \leqslant t_{限} \end{cases} \quad (3-27)$$

E 构筑临时道路任务

路基工程作业时间为

$$t_{5a} = \frac{Q_{5a}^{1}}{K \sum_{n=1}^{4} T_{5a}^{n} S_{T1}^{n} + K \sum_{n=1}^{5} Z_{5a}^{n} S_{Z}^{n}} + \frac{Q_{5a}^{2}}{K \sum_{n=1}^{4} T_{5a}^{n} S_{T2}^{n}} \quad (3-28)$$

式中 K——影响系数；

Q_{5a}^{1}——路基工程的工程量；

Q_{5a}^{2}——路基工程需平整的工程量，即道路长宽之积；

T_{5a}^{n}——遂行路基工程的第 n 类推土机数量；

Z_{5a}^{n}——遂行路基工程的第 n 类装载机数量；

S_{T1}^{n}——遂行路基工程的第 n 类推土机推土生产率；

S_{T2}^{n}——遂行路基工程的第 n 类推土机平整生产率；

S_{Z}^{n}——遂行路基工程的第 n 类装载机生产。

克服土石障碍时间为

$$t_{5b} = \frac{Q_{5b}}{200K \sum\limits_{n=1}^{3} V_{\mathrm{W}}^{n} W_{5b}^{n}} \left\{ 1 - \left[\sum_{n=0}^{C_{5b}} \frac{C_{5b}!}{(C_{5b}-n)!} \right]^{-1} \right\}^{-1} \tag{3-29}$$

式中 K——影响系数；

W_{5b}^{n}——克服土石障碍的第 n 类挖掘机数量；

V_{W}^{n}——克服土石障碍的第 n 类挖掘机挖斗容量。

以最短时间为目标的构筑临时道路任务机群配置模型为

$$\min t_5 = \max\{t_{5a}, t_{5b}\}$$

$$\mathrm{s.\,t} \begin{cases} U_{5a}^{nm} + U_{5b}^{nm} \leqslant 1 \\ \max\{t_{5a}, t_{5b}\} \leqslant t_{限} \end{cases} \tag{3-30}$$

3.2.3.3 以最少装备为目标的机群优化配置模型

当部队装备数量受限，且任务要求时间相对充裕时，在规定时间内以最少装备完成任务成为装备运用决策的主要目标。相较于以最短时间为目标的机群优化配置，以最少装备为目标的机群优化配置模型仅改变了目标函数与时间约束条件。

以最少装备为目标的抢修原有道路任务机群配置模型为

$$\min U_1 = \sum_{i=1}^{m} U_1^i$$

$$\mathrm{s.\,t} \begin{cases} U_1^i \leqslant U_0^i \\ \max\{t_{1a}, t_{1b}, t_{1c}\} \leqslant t_{限} \end{cases} \tag{3-31}$$

式中，U 为各类工程机械的数量，第一条约束条件表示配置的各类工程机械数量不能超过现有数量，第二条约束条件表示任务必须在规定时间内完成。

同理，以最少装备为目标的构筑停机坪任务机群配置模型为

$$\min U_2 = \sum_{i=1}^{m} U_2^i$$

$$\mathrm{s.\,t} \begin{cases} U_2^i \leqslant U_0^i \\ \max\{t_{2a}, t_{2b}\} \leqslant t_{限} \end{cases} \tag{3-32}$$

以最少装备为目标的构筑掩体任务机群配置模型为

$$\min U_3 = \sum_{i=1}^{m} U_3^i$$

$$\mathrm{s.\,t} \begin{cases} U_3^i \leqslant U_0^i \\ t_3 \leqslant t_{限} \end{cases} \tag{3-33}$$

以最少装备为目标的构筑工事任务机群配置模型为

$$\min U_4 = \sum_{i=1}^{m} U_4^i$$

$$\mathrm{s.\,t} \begin{cases} U_4^i \leqslant U_0^i \\ \max\{t_{4a}, t_{4b}, t_{4c}\} \leqslant t_{限} \end{cases} \tag{3-34}$$

以最少装备为目标的构筑临时道路任务机群配置模型为

$$\min U_5 = \sum_{i=1}^{m} U_5^i$$

$$\text{s. t} \begin{cases} U_5^i \leqslant U_0^i \\ \max\{t_{5a},\ t_{5b}\} \leqslant t_{\text{限}} \end{cases} \tag{3-35}$$

式中，U 为各类工程机械的数量。约束条件指各部分任务必须在限定时间内完成，且执行任务的各类工程机械数量不能超过现有数量。

3.2.4 任务指派问题

机群的配置模型求解是一个任务指派问题。在 1952 年，任务指派问题首次在 Votaw 和 Orden 的文章中被提出来。Kuhn 在 1955 年针对任务指派的问题提出了一种匈牙利算法，并被大多数人公认为任务指派模型的提出与解决方法的发展始于他的文章。随着工业化问题的不断提出，任务指派模型也不断得到应用，其问题的类型也不断更新，如广义指派问题、半指派问题、二次任务指派问题等[10]。

任务指派的模型中其标准形式为：假设以任务和单位为例，假定有 n 个执行任务的人，m 个任务。第 i 个人执行第 j 项任务时的任务成本为 c_{ij}（$i=1,\ 2,\ 3,\ \cdots,\ n;\ j=1,\ 2,\ 3,\ \cdots,\ m$），如何安排人员执行哪项任务，使得最终的任务成本最低？

成本矩阵：

$$\boldsymbol{C} = (c_{bj})_{n \times m} = \begin{bmatrix} c_{11} & c_{12} & \cdots & c_{1n} \\ c_{21} & c_{22} & \cdots & c_{2n} \\ \vdots & \vdots & & \vdots \\ c_{m1} & c_{m2} & \cdots & c_{mn} \end{bmatrix}$$

在上述的成本矩阵中，第 i 行中的各个元素表述为第 i 个人在执行任务中所对应的成本；在第 j 列中的各个元素表述为第 j 个任务由每个人员完成任务所对应的成本。该成本矩阵引申出来的数学模型为：引入 $m \times n$ 个 0-1 变量。$x_{ij}=1$ 时表示第 i 个人执行第 j 个任务；$x_{ij}=0$ 时，表示不执行任务，其中 $i=\{1,\ 2,\ 3,\ \cdots,\ n\}$，$j=\{1,\ 2,\ 3,\ \cdots,\ m\}$。

任务指派的数学模型：

$$\min Z = \sum_{i=1}^{n} \sum_{j=1}^{m} c_{ij} x_{ij}$$

$$\text{s. t} \begin{cases} \sum\limits_{i=1}^{n} x_{ij} = 1 & (j=1,\ 2,\ 3,\ \cdots,\ m) \\ \sum\limits_{j=1}^{m} x_{ij} = 1 & (i=1,\ 2,\ 3,\ \cdots,\ n) \\ x_{ij} \in \{0,\ 1\} & (i=1,\ 2,\ \cdots,\ n;\ j=1,\ 2,\ \cdots,\ m) \end{cases} \tag{3-36}$$

在式（3-36）约束条件中表示任务均可被执行，在满足上述约束条件中的可行解 x_{ij} 可以表达成矩阵的形式。

人员数量和任务数量相等的情况下，其求解模型是最简单的平衡指派问题。但在现实生活中，人员的数量与任务的数量不相等是最为常见的情景。特别是当任务数量超过人员的数量时，执行任务的人员安排的任务不合理会导致任务效率的低下从而影响工作的质量。在实际的问题背景研究中，研究者根据现实情况通过增加或者减少约束条件、变动目标函数、在对一些标准任务指派模型上面改动等方式来建相关的模型。

3.2.4.1 任务指派问题的类型

任务指派的问题涉及两个或者多个集合的优化匹配，问题的难度随着问题的维度不断增加。在目前对于指派问题的研究中大部分只涉及两种集合，也就是两个维度的任务指派问题。通常称这两个维度为"执行任务的人"和"任务的数量"。对于多维度的任务指派问题在早些年的研究非常少，随着一些智能优化算法的提出，很多多维度的任务指派模型可以通过优化算法在人员指派方面做出更加优化的策略。因此，两个维度的任务指派问题可以分为一对一的任务指派和一对多的任务指派。而两个维度以上的任务指派问题归纳为其他指派问题类型。

A 一对一指派问题类型

一对一的任务指派问题类型中，每一个任务只能安排给一个人去执行，同时与之对应的是每一个执行任务的人。一对一类型的指派问题应用范围最为常见，对于该类型的研究也最为普遍。

a 经典指派问题

由于经典指派问题的应用场景非常多，几乎被所有的运筹学或运作管理的书籍上所提到。经典指派问题是指在 n 个执行任务的人或者机构对应 m 个任务，在 $n \times m$ 个子集当中找到一个一一匹配的方法，最终的目标是使安排的任务总成本达到最小化。经典的指派问题的案例中包括车间机器的生产安排或者工人作业指派等。在其他类型的指派问题当中，都是以经典指派问题为基础，使模型更加贴近现实问题。

b 瓶颈指派问题

经典指派问题与瓶颈指派问题（BAP，the Bottleneck Assignmnent Problem）的区别是问题的目标函数不同，经典的任务指派问题中目标函数是求指派的成本最大化或者最小化。而瓶颈指派问题是在指派成本最大化时求最小值，或是指派成本最小化时求最大值。这一问题的模型应用在车间生产线上的较多，在 20 世纪 60 年代，Ford 和 Fulkerson 最早讨论过瓶颈指派问题。在该文章中以装配生产线作为指派问题的研究背景，假设生产线上的工人 c_i 需要完成一定的生产任务量，给定生产任务数量为 p，那么这条生产线上的生产效率是该生产线上瓶颈环节的效率 $\min\{c_i, p(i)\}$，目标函数是求瓶颈效率的最大化。

c k-基数指派问题

k-基数指派问题是经典的任务指派问题的拓展。在 k-基数指派问题中，有 m 个个人或者机构，n 个需要被指派的任务，但是其中只有 k 个人或者机构能够被指派任务，其中 k 的范围是小于 m 和 n 的。例如，在工厂中，将任务指派给机器人，但是只有其中一部分的机器能够被安排执行任务。k-基数指派问题在问题的求解当中与经典指派问题相似，但 k-基数指派问题的可行解更多，如何找出其中的最优解就更为复杂一些。

d 二次指派问题

二次指派问题常常被应用在设施的定位问题，例如在 n 个场地，有 m 个可供选择作为设施场地，其中 n 大于 m。二次指派问题与经典指派问题有所不同，二次指派问题在选择设施场地时会考虑相关的影响因素，比如在厂房的地址选择过程中会考虑厂房与其他设施之间的路径成本，如何将成本降到最低，其问题的求解难度有所加大。

e 平衡指派问题

平衡指派问题是指最大指派价值和最小指派价值之间的差最小化。平衡指派问题在现实生活中的应用例子非常多，例如在一件产品是由多个零部件组成的，为了尽可能地将所有的零部件在同一时间更换，在零件的选择过程中需要使零件最短失效时间与最长失效时间的差最小。此类平衡指派问题还应用在不同治疗效果的病人试验中。在平衡指派问题的模型中一般是需要建立两个目标，通过约束条件平衡两个目标之间的差值最小化。

B 一对多指派问题类型

一对多的任务指派中，每一个任务只能被一个人或者机构执行，但每个人或者机构可以同时执行多个任务，这类指派问题在现实的模型构建当中存在非常多的案例。

a 广义指派问题

在一对多的任务指派问题中，广义指派问题（GAP，the Generalized Assignment Problem）是最基本的类型。在广义指派的模型当中，可以安排多个任务给执行任务的机构或个人，在经典指派问题的模型中约束条件增加，但目标函数不变。广义指派问题常应用的场景有车辆路径问题、设施选址的成本问题、工程任务调度等。

b 非平衡时间的最小化指派问题

Aora 和 Puri 在 1998 年提出非平衡时间的最小化指派问题（the imbalanced time minimizing assignment problem）。它是广义指派问题的延伸，在非平衡时间的最小化指派问题中，假定同一个人或者机构可以同时被安排多个任务，而多个任务中需要按照时间顺序进行，在该指派问题的模型中其目标是实现任务的总时间最小化。

c 多资源广义指派问题

多资源广义的任务指派问题是在广义指派问题上的一个变形，在广义指派问题上添加更多的约束条件，如在规划调度路径时会考虑到车辆在行使过程中的约束问题。或者是车辆调度的工作中，因为为满足时间窗的约束条件，会产生一个惩罚成本。在对多资源的广义指派问题的模型中，有很多学者在此模型上研究任务指派问题，并应用到手术室的排程、任课老师的安排等更加复杂的现实问题。

C 其他指派问题类型

在涉及三维或者多维的任务指派分为其他指派问题上，不管是模型的构建上还是模型的求解上，其问题的难度均高于本小节上文中的指派问题类型。例如在任务指派中，考虑不同技能的员工去执行成本不同的任务，并且有时间窗的约束条件，我们将这种带有 3 种及以上约束关系的称为三维或多维的指派问题。

a 平衡三维指派问题

平衡三维指派问题的目标是使总成本或总时间最小化，他与一对多指派问题中的非平衡时间最小化相似。在平衡三维指派问题中，有 3 种数量相同的集合需要完成任务的匹配，如需要安排 n 个员工去住 n 个地点完成 n 项任务。

b 多阶段指派问题

一般多阶段的指派问题是指在两个维度上的任务指派问题基础上增加一个或者多个时间窗口的约束。如安排车辆调度，需要对运维人员进行任务的指派，同时对运维人员的工作时间规定多个时间窗的约束，使得调度的总成本最低。

3.2.4.2 常见的任务指派数学模型

在指派问题中，常常因为现实情况中的问题受到各种条件的制约，因此，任务指派的模型应用到现实的案例中会千差万别，但是都是从经典的指派问题当中演变出来的。下面介绍不同指派类别中的常见数学模型。

A 经典指派任务模型

在经典指派问题中，假定有 n 个任务需要被指派，有 n 个执行任务的人或者机构可以执行这些任务，其目标函数是使指派成本最低。假设 i 表示执行任务的个人或者机构，j 表示任务，将 i 执行任务 j 的成本以 c_{ij} 表示。则经典的指派问题表示为

$$\min \sum_{i=1}^{n} \sum_{j=1}^{n} c_{ij} x_{ij} \tag{3-37}$$

约束条件

$$\sum_{i=1}^{n} x_{ij} = 1 \quad (j = 1, 2, \cdots, n)$$

$$\sum_{j=1}^{n} x_{ij} = 1 \quad (i = 1, 2, \cdots, n)$$

$$x_{ij} \in \{0, 1\} \tag{3-38}$$

其中，若 i 被指派到任务 i，则 $x_{ij} = 1$；若 i 没有指派到任务 j，则 $x_{ij} = 0$。式 (3-38) 约束条件表示任务只能被一个人或者一个机构执行。经典指派任务模型只要稍加变动就会转变成一对一指派类型的模型，例如瓶颈指派模型中只要将目标改成约束条件不变。将目标函数改为约束条件无变化，则转变为平衡类指派问题。在 k-基数指派问题中，若约束条件 $\sum_{i=1}^{n} x_{ij} \leqslant 1$，$\sum_{j=1}^{n} x_{ij} \leqslant 1$，$\sum_{i=1}^{n} x_{ij} = k$，其他不变。

B 广义指派任务模型

广义指派任务的模型是一对多任务指派问题中的基本模型。在广义指派任务的模型中，假定有 m 个执行任务的人或者机构，有 n 个任务需要被安排，其中 $m < n$。一个任务只能由一个人或者机构完成，而个人或者机构可以被安排多个任务。其模型的目标函数是指派成本的最小化。如果 i 表示执行任务的人或者机构，j 表示模型中的的任务，c_{ij} 表示为指派 i 完成任务 j 的指派成本。那么广义指派任务的模型表示为

$$\min \sum_{i=1}^{n} \sum_{j=1}^{n} c_{ij} x_{ij} \tag{3-39}$$

约束条件

$$\sum_{i=1}^{n} x_{ij} = 1 \qquad (j = 1, 2, \cdots, n)$$

$$\sum_{i=1}^{m} a_{ij} x_{ij} \leqslant C_i \quad (i = 1, 2, \cdots, m)$$

$$x_{ij} \in \{0, 1\} \tag{3-40}$$

在上述的约束条件中，若个人或者机构 i 被指派到任务 j，则 $x_{ij} = 1$；若 i 没有被指派到 j，则 $x_{ij} = 0$。a_{ij} 表示 i 被安排到任务 j 时所占的容量，C_i 表示个人或机构 i 的总容量。在

约束条件（3-40）中表示为一个任务只能指派给一个人或一个机构，被安排的任务占比容量不能超过 i 的总容量。

与经典任务指派模型变形相似，将广义指派问题的模型在约束条件和目标函数上变形，则会衍生出其他的一对多的任务指派问题模型。在多资源的广义任务指派模型中，其目标函数与广义指派模型相同，不同之处在于约束条件，多资源广义任务指派的针对资源进行模拟约束。

C 多维度指派任务模型

在多维的任务指派模型的研究中，主要是以三个维度的任务指派模型居多，而在三维的任务指派模型中是以三维平衡指派问题的研究为主。以下介绍三维平衡指派任务模型。

假定在车辆的任务中有 m 个任务网点需要调度车辆，n 个可执行任务的运维人员，要求运维人员在 k 个时间段执行调度任务。一个调度任务只能安排给一个运维人员，而一位运维人员能够执行多个网点的任务。若 v 表示任务的网点，n 表示运维人员，t 表示时间段，c_{vnt} 表示在 t 时间内运维人员 n 在网点 v 执行任务的成本。则三维平衡指派问题模型表示为

$$\min \sum_{v=1}^{m} \sum_{n=1}^{n} \sum_{t=1}^{k} c_{vnt} x_{vnt} \tag{3-41}$$

约束条件

$$\sum_{v=1}^{m} x_{vnt} = 1 \quad (n = 1, 2, 3, \cdots, n; \ t = 1, 2, 3, \cdots, k) \tag{3-42}$$

$$\sum_{t=1}^{k} x_{vnt} \leq 1 \quad (n = 1, 2, \cdots, n; \ v = 1, 2, 3, \cdots, m) \tag{3-43}$$

$$x_{vnt} \in \{0, 1\} \tag{3-44}$$

在上述的约束条件中，如果运维人员 n 在时间段 t 执行网点 v 的任务，则 $x_{vnt} = 1$；如果运维人员 n 没有执行任务，则 $x_{vnt} = 0$；在约束条件（3-42）表示每个时段每个运维人员只能在一个运维网点执行任务；约束条件（3-43）表示在时间段内，运维人员在任务网点执行任务至多只有一次的机会。

在多维指派问题的其他模型中，其指派模型的目标函数基本上没有变化，在约束条件上存在多个维度进行约束，如任务的时间窗、不同车辆不同人工的成本等。这些都是在经典指派问题中不断演化过来的，但是随着维度的增大、约束条件的增加，构成了一个大规模的线性问题时，其求解的难度也会增大，这也是后来的一些学者在研究求解任务指派模型方法上的一个重点研究。

3.2.4.3 智能优化算法

机群优化配置研究的重点是在配置策略上进行优化，而优化的过程中需要算法去实现模型的数据。在针对任务指派问题的模型中，传统的求解是采用分支定界法、匈牙利算法。但是在面临大规模的指派问题时传统的求解方式在性能和精度上与启发式算法或智能优化算法之间存在一定的差距。

智能优化算法又称现代启发式算法，是一种具有全局优化性能、通用性强且适合于并行处理的算法。这种算法一般具有严密的理论依据，而不是单纯凭借专家经验，理论上可以在一定的时间内找到最优解或近似最优解。常用的智能优化算法有模拟退火算法、禁忌搜索算法、蚁群算法、粒子群算法、遗传算法等。

A　模拟退火算法

模拟退火算法具备较强的局部寻优能力，是一种全局最优化方法。模拟退火算法思想最先是由 Metropolis 等人于 1953 年提出的。但是直到 1983 年，模拟退火算法思想才被 Kirkpatrick 等人成功地引入组合优化领域，以解决大规模的组合优化问题所遇到的瓶颈。所谓组合优化，就是从组合问题的可行解空间中求出最优解。

模拟退火算法解决组合优化问题的方法受到物理上高温固体冷却过程的启发，这两类问题在过程上具有一定的相似性，组合优化过程求解和物理退火的映射关系见表 3-8。

表 3-8　组合优化问题的求解与物理退火的映射关系

组合优化问题	物理退火
解	状态
目标函数	能力函数
最优解	最低能量的状态
设定初始高温	加温过程
基于 Metropolis 准则的搜索	等温过程
温度参数 t 的下降	冷却过程

模拟退火算法从某个较高的初始温度出发，先将固体加热至高温状态，此时固体分子间不断发生碰撞，呈无序状态，具有较高的内能。然后让高温固体慢慢冷却，固体分子将随着热运动的逐渐减弱而恢复到稳定、有序的状态。在这个过程中，固体内部粒子在每个温度下都能达到一个平衡态最终在常温时达到基态，内能减为最小。

采用 Metropolis 接受准则能够避免模拟退火算法过早达到局部最优的范围，从而保证了所求得的解的质量。同时，为了保证算法执行的效率，模拟退火算法采用"冷却进度表"对算法的执行过程进行控制。

a　Metropolis 准则

通常情况下，高能量物理系统会通过释放热量从而向能量较低的状态发生转变，然而分子运动会影响物质准确地达到最低能量状态。因而，为了加快收敛的速度，可以在采样时优先考虑对降低能量具有突出作用的状态，以更为快速地取得好的结果。鉴于此，Metropolis 等人提出了重要性采样法，以如下方式产生固体的状态序列：

设定当前状态下的温度值为 T，根据粒子当前所处的相对位置，设定固体的初始状态为 i，此时内能为 E_i；接着随机地选取其中的某个粒子，随机产生一微小的偏移向量，使粒子随向量偏移，转变为一个不同的状态 j，此时内能为 E_j。令两个状态下内能改变量为 $\Delta E = E_i - E_j$，若 $\Delta E > 0$，则认定变化得到的新状态 j 为"重要"状态；反之，若 $\Delta E \leqslant 0$，则要考虑到分子热运动对于内能的影响，通过计算固体达到状态 j 的概率来判断该状态是否能够被认定为"重要"状态。固体在温度 T 时趋于平衡的概率可以由式（3-45）求得。

$$\gamma = \exp\left(\frac{\Delta E}{kT}\right) \tag{3-45}$$

式中，k 为 Boltzmann 常数。由公式可知，γ 是一个小于 1 的数。随机生成一个 [0, 1) 区

间的数 ξ，若 $\gamma > \xi$，则新状态 j 被认定为是"重要"状态，将当前状态更新为 j，否则当前状态仍然为 i。重复上述过程，通过不断产生新状态，使系统能量逐渐降低，最终达到平衡、稳定的状态。

由上述过程可以看出，当固体处于较高温度的状态时，接受新状态 j 的可能性较大，而当固体处于较低温度的状态时，接受新状态 j 的可能性随之降低，最终，当温度趋于 0 的时候，任何使得 $\Delta E \leq 0$ 的新状态 j 都不能被接受。上述状态接受依据就是 Metropolis 准则。

b　冷却进度表

冷却进度表控制模拟退火算法的计算过程，因而，如何选取合适的冷却进度表参数，包括温度控制参数的初值、终值、衰减函数及迭代次数，就显得十分重要，关系到算法的效率和执行结果。

（1）控制参数 t_0 的选取。根据 Metropolis 准则，t_0 应该选取足够大，此时，$\exp\left(\dfrac{\Delta E}{t_0}\right) \approx 1$，可以避免模拟退火过程变成一种局部随机搜索的过程，从而提高求解的质量。然而，t_0 的值也不宜选得过大，否则退火过程太慢，计算时间过长，同样会使得模拟退火算法丧失可行性。

（2）控制参数 t_f 的选取。控制参数 t_f 的选取即算法的终止条件，既要保证算法收敛到某一个近似解，还要保证求得的解具有一定的质量。因为温度控制参数的值是逐渐减小的，因而终止参数 t_f 的值应该充分小，才能使得算法得到高质量的解。在实际的算法实现过程中，为了保证 t_f 充分小，通常可以采取以下方式：

1）直接选取一个充分小的正数 δ，设定 $t_f < \delta$；

2）由于接受率与控制参数的值成正相关关系，控制参数的值会随着算法进程的推进不断减小，因而接受率也随之减小，因此，可以预先设定一个终止参数 x_f，当 $t_f < x_f$ 时，令算法终止；

3）通过判断算法求解过程中求得的某些近似解来衡量，如果连续若干次迭代后解没有任何变化，解的质量不再提高，则令算法终止。

（3）衰减函数的选取。为了保证模拟退火算法性能的稳定，控制参数 t_k 的衰减量应以小为宜。衰减函数的形式很多，较为常用的一种形式是 $t_{kH} = \alpha t_k$，其中，α 是一个接近 1 的常数，一般取 0.5~0.99。

（4）迭代次数 L 的选取。迭代次数 L 的选取与控制参数 t_k 的衰减量紧密相关。一般的选取原则是，先确定衰减函数，在此基础上设定 L 的取值，使得在控制参数的每一个取值上，系统都能维持一定的稳定性。因此，L 的取值一般不宜过小，可取如 $L = 100n$，其中 n 为问题的规模。

c　模拟退火算法的基本流程

模拟退火算法的基本流程如图 3-47 所示。

模拟退火算法将内能 E 作为目标函数的函数值，将温度 t 作为控制参数，随着算法过程的推进，控制参数值不断衰减变小。模拟退火算法通过重复地进行"生成新解→计算目标函数值的差量→接受或舍弃"的迭代过程，最终能够得到近似的最优解。其具体步骤如下：

步骤 1：初始化，设定足够大的初始温度 T，算法迭代的初始状态 S，以及每个 T 值下

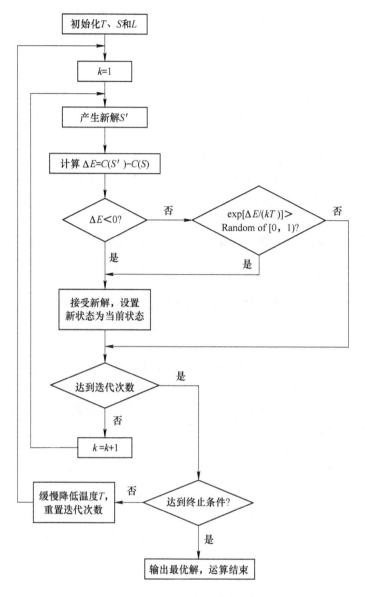

图 3-47 模拟退火算法的基本流程图

的迭代次数 L；

步骤 2：计算当前状态的评价函数值 $C(S)$，产生新解 S'，计算新解的评价函数值 $C(S')$，增量 $\Delta E = C(S') - C(S)$；

步骤 3：若 $\Delta E < 0$，则接受 S' 作为新的当前解，更新当前状态，否则计算概率 $\exp[\Delta E/(kT)]$，以概率值选择接受 S' 作为新的当前解；

步骤 4：更新迭代次数 k，判断算法是否达到规定的迭代次数 L，若是，转向步骤 5，若否，则转向步骤 2；

步骤 5：判断是否满足终止条件（终止条件通常选取当连续若干个新解都没有被接受的情况或温度降低到预定的某一温度值，若是，输出当前解作为最优解，结束程序，若否，温度 T 减小（逐步趋向0），将迭代次数 k 重置为0，转向步骤2。

　　d　模拟退火算法的优缺点

　　模拟退火算法具有下列优点：

　　(1) 较强的局部搜索能力，计算过程简单，较为通用，具有较强的鲁棒性；

　　(2) 赖于初始解。模拟退火算法虽然在开始时需要生成一个初始解，但是在求解的过程当中能够以一定的概率，有限度地接受恶化的解，因此它不会局限在初始解所在的领域；

　　(3) 模拟退火算法以一定的概率有限度地接受恶化的解，因而坏解始终有可能被接受，从理论上来说可以避免陷入局部最优解，能够跳出局部极小值点。因而，采用模拟退火算法虽然不一定能够得到全局最优解，但是一定能够得到全局次优解。

　　模拟退火算法存在以下不足：

　　(1) 理论上说，如果给予算法足够长的计算时间，能够使得降温过程足够缓慢，模拟退火算法能够以概率1.0全局的最优解，但是，与此相对的是收敛速度太慢，不适合实际的求解操作；

　　(2) 降温速度过快，则算法很可能得不到全局最优解。由于算法在实际的实现过程中不可避免地要同时兼顾时间和性能因素，因此很难保证求得的解是全局最优解。

　　B　禁忌搜索算法

　　禁忌搜索算法模拟人类的记忆功能进行记忆搜索，是一种全局优化智能搜索算法，它通过局部邻域移动机制和相应的禁忌表来避免迂回重复搜索，加快了搜索进度，并通过藐视准则激活一些被禁忌的优良状态，进行多邻域方向的有效探索，从而使搜索过程跳出了局部最优，最终搜索到全局最优解。

　　a　禁忌搜索算法的要素

　　禁忌搜索算法主要是由初始解、邻域、移动、禁忌表、藐视准则、收敛准则等要素组成。

　　(1) 初始解：可以是变量范围内的任一解。

　　(2) 邻域：当前解附近的所有可行解。

　　(3) 移动：常在当前解的邻域内进行，是从一个解产生另一个解的过程。目标函数值常随解的移动方向而变化，如果移动后的目标函数值增大，则称之为改进移动；如果移动后的目标函数值减小，则称为非改进移动。在禁忌搜索过程中，改进移动并不一定是最好的，有时可能非改进移动更有利于搜索到最优解。禁忌搜索算法的这一特性保证搜索过程能自动跳出局部最优，搜索到全局最优解。

　　(4) 禁忌表：在搜索过程中模拟人类的短期记忆功能，是禁忌搜索算法的核心，它记录了当前邻域内解的若干次移动，并禁止这些移动在一定次数内再次出现，从而避免搜索过程出现重复循环和陷入局部最优。禁忌表的规模大小应根据具体问题来确定，规模不能过大也不能过小，如果禁忌表过大，则记忆存储空间大且搜索时间长；如果禁忌表过小，虽然节省了搜索时间，但容易造成搜索循环，陷入局部最优。

　　(5) 藐视准则：在禁忌搜索过程中，如果禁忌表中一些优良状态具有明显的优势，即禁忌表中对应的适配值优于当前状态的禁忌候选解，则无视禁忌准则，让其中的一些禁忌对象重新可选，从而避免搜索过程中遗失优良状态，增强对优良状态的局部搜索，达到全局寻优的目的。

（6）收敛准则：禁忌搜索算法的终止条件，建立算法的终止条件通常有 3 种方法：设定最大迭代次数、设定某对象的最大禁忌次数和设定最优解的允许误差。如果禁忌搜索达到了指定的最大搜索迭代次数，或者最优解的禁忌次数达到了设定的阈值，或者最优解与已知的或通过其他方法得到的最优解的误差达到了指定误差范围内，则禁忌搜索算法停止。

b 禁忌搜索算法的基本思想

禁忌搜索算法的基本思想：假设采用禁忌搜索算法求一个关于随机变量 X 的函数的最优解，变量 X 中每一个解都有一个邻域。禁忌搜索算法首先选择一个初始可行解 x，这个可行解可以是可行解集合中的任意解，定义完初始可行解后，确定可行解 x 的邻域移动范围 $s(x)$，然后从该可移动范围中找到一个能改进当前解 x 的移动方向，得到一个新解 y，再从这个新解 y 开始，向其邻域移动进行重复搜索。如果在邻域范围内移动时只接受比 x 好的移动，容易回到原来的解，使搜索过程陷入循环和局部最优。因此，禁忌搜索算法通过构造禁忌表来避免这一问题，禁忌表是一个模拟人类记忆功能的表，其中记忆刚刚进行过的 T 个邻域移动，在以后的 T 次循环内对于当前的禁忌表中的移动是禁止的，以避免重复循环搜索，T 次移动后根据禁忌表中禁忌对象的任期，释放禁忌表内的任期为 0 的移动。禁忌表的变化是一个循环更新的过程，新的移动对象不断替换早先进入的移动对象，使禁忌表内一直保存 T 个邻域移动。但是设置了禁忌表后，搜索最优解时仍可能出现重复循环。因此禁忌搜索算法必须确定一个收敛准则以避免算法陷入循环。收敛准则通常设定一个最大迭代次数，或者最优解最大禁忌次数，或者最优解的允许误差，当在搜索过程中达到禁忌搜索算法的最大迭代次数或搜索的解无法进一步改进时，停止算法搜索过程。

c 禁忌搜索算法的步骤

禁忌搜索算法首先给定一个初始解和邻域，然后在当前初始解的邻域中确定若干候选解，然后根据禁忌搜索算法的准则在可行解范围内重复迭代搜索，直到满足收敛准则时停止搜索。禁忌搜索算法的基本步骤如下：

步骤 1：设置算法参数和初始解 x；

步骤 2：判断是否满足收敛准则，若是，则输出优化结果 x；若否，继续步骤 3；

步骤 3：确定当前解 x 的邻域，从中选择候选解；

步骤 4：判断搜索的候选解是否满足藐视准则，若是，则用满足藐视准则的最佳候选解 y 替代 x 成为新的最优解，并用与 y 对应的禁忌对象更新禁忌表，然后转步骤 2；若否，则继续步骤 25；

步骤 5：用候选解集中非禁忌对象对应的最佳状态替换当前的最优解，同时用与之对应的禁忌对象更新禁忌表，转步骤 2；

步骤 6：重复这一过程，直到满足收敛准则，则结束搜索。

其算法流程图如图 3-48 所示。

d 禁忌搜索算法的特点

禁忌搜索算法是一种智能全局优化算法，具有灵活的记忆能力，与其他优化算法相比，其主要特点是：

（1）由于禁忌搜索算法模拟人类的记忆功能，采用禁忌表和藐视准则，在邻域范围内进行移动搜索，在搜索过程中避免了重复搜索，并可以接受劣解，能跳出局部最优，在全

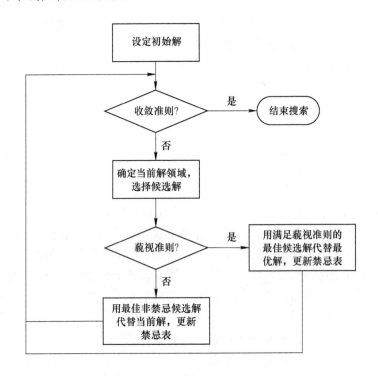

图 3-48 禁忌搜索算法的基本流程

局范围内搜索到最优解;

（2）禁忌搜索算法的新解是优于当前最优解的解，或是非禁忌候选解中的最优解，是基于移动搜索，并不是随机产生，从而提高了获得更好的全局最优解的概率，所以禁忌搜索算法是搜索算法中一种优秀的全局搜索算法，并且局部搜索能力很强，有很重要的实用价值。

C 蚁群算法

蚁群优化算法（ACO，Ant Colony Optimization）在 1991 年由 Colorni 和 Dorigo 等人提出，它是一种模拟蚂蚁搜索食物过程的优化算法。自然界中的蚁群在搜索食物过程中会分派一些蚂蚁出去侦查，如果一只蚂蚁找到了食物，它会在返回巢中的途中留下"信息素"以便后面的蚂蚁可以找到食物。但是随着时间的推移信息素会慢慢挥发，假如两只蚂蚁在同一时间找到了食物，但是它们经过不同的路线返回，则路程较长的路线上信息素的气味比较淡，路程较短的路线上信息素的气味比较浓，蚁群在下一次去寻找该食物时会选择信息素较浓的路线。蚁群算法通过设计虚拟的"蚂蚁"，让它们搜索不同的路线，并认为蚂蚁在搜索目标时会留下"信息素"。根据"信息素味道更浓则路线更短"的原理选择最佳路线。

a 蚁群算法原理

假设有 m 只蚂蚁组成的蚁群，城市个数为 n，城市 i 和城市 j 之间的距离用 d_{ij} 表示，在 t 时刻路段 ij 上的信息素浓度为 $\tau_{ij}(t)$，蚂蚁 k 已经走过的城市集合用 passed_k 表示。在时刻 t 第 k 只蚂蚁从城市 i 爬向城市 j 的概率表示常常如下所示：

$$p_{ij}^{k}(t) = \frac{[\tau_{ij}(t)]^{\alpha}[\eta_{ij}]^{\beta}}{\sum_{l \in \mathrm{allowed}_k}[\tau_{ij}(t)]^{\alpha}[\eta_{ij}]^{\beta}} \tag{3-46}$$

式中，$\text{allowed}_k = \{n\text{-passed}_k\}$，即代表第 k 只蚂蚁下一次可以选择的城市；α 与 β 的相对大小表示为对此路段的信息素和质量的偏好程度；$\eta_{ij} = 1/d_{ij}$ 代表此路段的能见度。经过 Δt 个时刻，所有的蚂蚁完成了一次循环，此时每个路段上的信息素浓度需要进行调整，假设信息素的蒸发率为 $1-\rho$，则每次循环后路段 ij 上的信息素浓度可以用式（3-47）更新：

$$\tau_{ij}(t + \Delta t) = \rho\tau_{ij}(t) + \Delta\tau_{ij} \tag{3-47}$$

其中

$$\Delta\tau_{ij} = \sum_{k=1}^{m} \Delta\tau_{ij}^k \tag{3-48}$$

式中，$\Delta\tau_{ij}^k$ 代表在此次循环过程中第 k 只蚂蚁在路段 ij 上留下的信息素，ij 代表在此次循环过程中蚁群在路段 ij 上留下的信息素。

b 蚁群算法的基本流程及应用

蚁群算法基本步骤为：

步骤 1：初始化参数：设置最大循环次数 $N_{\max}$，初始化信息素浓度 τ_{ij}，信息素增量 $\Delta\tau_{ij} = 0$，设置当前循环次数 $N = 0$，设置 m 只蚂蚁在 n 个城市上；

步骤 2：更新循环次数 $N = N+1$；

步骤 3：对于每只编号为 k 的蚂蚁按照转移概率公式转移到下一个城市；

步骤 4：更新禁忌表，把每只蚂蚁上一次走过的城市添加到该只蚂蚁相对应的个体禁忌表中；

步骤 5：在每次循环结束后根据信息素浓度更新公式，更新每个路段的信息素浓度；

步骤 6：判断终止条件是否得到满足，即 $N \geqslant N_{\max}$，若满足则算法终止并输出最优路径和对应的路径长度；若不满足则返回到步骤 2 并清空禁忌表。

蚁群算法提出后，人们对它的研究已由当初单一的 TSP 问题（货郎担问题，Travelling Salesman Problem）延伸到多个应用领域，包括指派问题、调度问题、车辆路径规划、图着色、网络路由等应用领域，由其最初的解决离散域问题发展到利用其解决连续域问题，用其求解静态组合优化问题扩展到求解动态组合优化问题。此外，ACO 算法还在诸如函数优化、系统辨识、机器人路径规划这些领域取得了非常不错的成果。

D 粒子群算法

a 算法起源

粒子群算法（PSO，Particle Swarm Optimization）是基于一定的假设前提下对鸟类捕食过程进行模拟的一种新型仿生优化算法。PSO 算法起源于模拟简化的社会模型，它是在受到鸟群、鱼群等生物的群体行为规律的启发下提出的。

20 世纪 70 年代，生物学家 C. W. Reynold 通过模拟鸟群群体飞行后提出了 Boids 模型。该模型指出，群体中每个个体的行为只受到它周围邻近个体行为的影响，且每个个体需遵循 3 条规则：（1）避免与其邻近的个体相碰撞；（2）与其邻近个体的平均速度保持一致；（3）移动方向为邻近个体的平均位置。通过多组仿真实验发现处在初始态的鸟通过自组织能力聚集成一个个小的群体，并且以相同的速度向着同一方向运动，之后几个小的群体又会聚集成一个大的群体，大的群体在之后的运动过程又可能分散为几个小的群体。这些仿真实验的结果和现实中鸟群的飞行过程基本一致。

1975 年，生物社会学家 E. O. Wilson 对生物捕食行为进行研究后，提出了一个思想——"至少在理论上,在搜索食物的过程中,群体中个体成员可以得益于所有其他成员的发现和先前的经验。当食物源不可预测地零星分布时,这种协作带来的优势是决定性的,远大于对食物的竞争带来的优势。"

1988 年,R. Boyd 等人在对人类的决策过程进行研究后,提出了个体学习和文化传递的概念。通过研究发现在人们决策过程中一般会使用到两种有效信息:一种是自身的历史信息,表示他们根据自己的尝试和经历,积累了一定的经验,知道怎样的状态对之后的决策起到积极作用;另一种是其他人的历史信息,表示人们知道他们周围一些人的经历,并能据此判断出哪些选择是有利的,哪些选择是不利的。这就表示,人们所做的决策往往会根据他人和自身的经验来进行。

在 1995 年,粒子群算法由 J. Kennedy 和 R. C. Eberhart 在 IEEE 神经网络国际会议上发表的论文首次提出,其基本思想是受到对鸟群的种群行为进行建模与仿真得到的结果的启发。鸟群在觅食过程中,有时候需要分散的寻找,有时候需要鸟群集体搜寻,即时而分散时而群集。对于整个鸟群来说,它们在找到食物之前会从一个地方迁徙到另一个地方,在这个过程中总有一只鸟对食物的所在地较为敏感,对食物的大致方位有较好的侦查力,从而,这只鸟也就拥有了食源的较为准确信息。在鸟群搜寻食物的过程中,它们一直都在互相传递各自掌握的食源信息,特别是这种较为准确的信息。所以在这种"较准确消息"的吸引下,鸟群都集体飞向食源,在食源的周围群集,最终达到寻找到食源的结果。

b 原始粒子群算法

原始粒子群算法是就是模拟鸟群的捕食过程,将待优化问题看作是捕食的鸟群,解空间看作是鸟群的飞行空间,在飞行空间飞行的每只鸟即是粒子群算法在解空间的一个粒子,也就是待优化问题的一个解。粒子被假定为没有体积没有质量,本身的属性只有速度和位置。每个粒子在解空间中运动,它通过速度改变其方向和位置。通常粒子将追踪当前的最优粒子以经过最少代数地搜索到最优解。在算法的进化过程中,粒子一直都跟踪两个极值:一个是个体历史最优位置 pBest,一个是种群历史最优位置 gBest。

假设在一个 D 维的目标搜索空间内,有一个由 m 个粒子组成的粒子群,其中第 i 个粒子在时刻 t 的属性由两个向量组成:

(1)速度:$v_i^t = (v_{i1}^t, v_{i2}^t, \cdots, v_{id}^t)$,$v_{id}^t \in [v_{min}, v_{max}]$,$v_{min}$ 和 v_{max} 分别代表速度的最小值和最大值;

(2)位置 $x_i^t = (x_{i1}^t, x_{i2}^t, \cdots, x_{id}^t)$,$x_{id}^t \in [l_d, u_d]$,$l_d$ 和 u_d 是每个粒子搜索空间的下限和上限;每次迭代中记录两个最优位置:个体最优位置 $p_i^t = (p_{i1}^t, p_{i2}^t, \cdots, p_{id}^t)$ 和种群最优位置 $p_g^t = (p_{g1}^t, p_{g2}^t, \cdots, p_{gd}^t)$;其中 $1 \leq i \leq M$,$1 \leq d \leq D$。则粒子根据上述理论在 $t+1$ 时刻的速度、位置更新公式如下:

$$v_{id}^{t+1} = v_{id}^t + c_1 r_1 (p_{id}^t - x_{id}^t) + c_2 r_2 (p_{gd}^t - x_{id}^t)$$
$$x_{id}^{t+1} = x_{id}^t + v_{id}^{t+1}$$

(3-49)

式中,r_1 和 r_2 是介于(0,1)之间的随机数;c_1 和 c_2 代表学习因子,其值一般取 $c_1 = c_2 = 2$。

据式(3-49)可知粒子的速度由 3 个部分构成:第一部分是对粒子之前速度的继承,体现了粒子运动的惯性;第二部分是"自我认知",表示粒子自身之前的飞行经验对之后飞行方向的影响;第三部分是"社会认知",表示种群中所有粒子的飞行经验对每个粒子之后飞行方向的影响。

图 3-49 以二维空间为例，描述了第 i 粒子依据速度、位置更新公式（3-49）从 t 时刻位置移动到 $t+1$ 时刻位置的原理图。

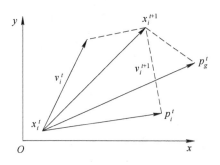

图 3-49　粒子迭代过程中的位移图

c　原始粒子群算法的实现步骤及流程图

步骤 1：初始化种群，此过程需要初始化各类参数：目标搜索空间的上限 u_d 和下限 l_d，两个学习因子大小 c_1、c_2，算法的最大迭代次数 T 或收敛精度 ξ，每个粒子速度的上限 $V_{\max}$ 和下限 $V_{\min}$；随机初始化种群中每个粒子的位置和速度。

步骤 2：根据适应度函数计算每个粒子的适应值 fitness，保存每个粒子的最优位置，保存种群中所有粒子的最佳适应度值和种群最好位置。

步骤 3：根据速度、位置更新公式来更新速度和位置。

步骤 4：计算更新后每个粒子的适应度值，将每个粒子的最佳适应度值与其历史最优位置 pBest 时的适应度值比较，如果较好，则将其当前的位置作为该粒子的最优位置。

步骤 5：对每个粒子，将它的最优位置对应的适应度值与种群最佳适应度值 gBest 对比，如果更优，则更新种群最优位置和最佳适应度值。

步骤 6：判断搜索到的结果是否满足停止条件（达到最大迭代次数或满足精度要求），若满足停止条件则输出最优值，否则转到步骤 3 继续运行直到满足条件为止。

粒子群优化算法的流程图如图 3-50 所示。

d　粒子运动行为的分析

在原始 PSO 算法中，粒子速度的更新由三部分组成："记忆"部分，"自我认知"部分和"社会认知"部分。

（1）"记忆"部分，是对先前的速度继承，它使粒子保持一种惯性的飞行状态，也是粒子能够进行全局搜索的重要保证。若速度更新公式中仅包含"记忆部分"决定，则粒子会一直以相同速度飞行，直到粒子飞到搜索空间的边界，此时算法的搜索范围很小，找到全局最优解的概率很低。若缺少第一部分，则粒子速度不存在惯性，而只是不断地向个体最优位置和种群最优位置飞行，此时如果某个粒子当前处于全局最优位置，这个粒子会停滞，种群中其他粒子都会朝着个体最好位置和种群最好位置飞行，此种情况下，粒子群将收敛到当前的全局最优位置，但此时算法更像是一个局部算法。

（2）"自我认知"部分，表示粒子速度受到自身飞行经验的影响。若在速度更新公式中仅包含"自我认知"部分，由于种群中的粒子间的信息不能共享，不同的粒子之间缺乏

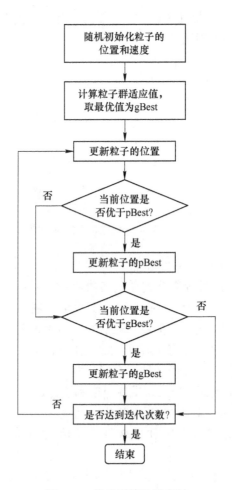

图 3-50 粒子群算法流程图

信息交互，使得一个粒子数为 m 的粒子群寻优相当于 m 个互不影响的单个粒子在搜索空间内各自寻优，此时寻到全局最优解的概率非常低。若缺少"自我认知"部分，即 $c_1 = 0$，表示粒子丧失了从自身获取经验的能力，此时算法由于种群中不同粒子的交互作用能够搜索到新的区域，且其收敛速度更快，但对复杂多极值问题，它更容易陷入局部最优。

（3）"社会认知"部分，表示粒子受到种群中所有粒子飞行经验的影响。如果在速度更新公式中仅包含第三部分，则算法更易陷入局部最优点。因为此时粒子群由于粒子间信息交互使得种群搜索到新的区域，此时的收敛速度也更快，但是在复杂优化问题求解中，由于此时算法的速度只受到"社会认知"影响，当粒子离最佳位置很近时，粒子都接近停滞状态，使得算法更容易陷入局部最优。若缺少"社会认知"部分，即 $c_2 = 0$，种群粒子间没有信息的交互。一个粒子数为 m 的种群寻优相当于 m 个互不影响的粒子独立寻优，寻得全局最优解的可能性也很小。

根据以上分析知道，速度更新公式中的三部分对速度进化都很重要，缺一不可，只有在它们的共同作用下粒子才能更加高效地搜索到全局最优位置。

e 标准粒子群算法

标准粒子群算法（SPSO，Standard Particle Swarm Optimization）与原始 PSO 算法的不同之处就在于引入了一个惯性权重系数，使其平衡粒子的探索能力与开发能力，即保证算法的局部寻优能力和全局寻优能力。标准粒子群算法中的速度更新公式改为式（3-50）所示形式，而位置更新公式保持不变。

$$v_{id}^{t+1} = \omega v_{id}^t + c_1 r_1 (p_{id}^t - x_{id}^t) + c_2 r_2 (p_{gd}^t - x_{id}^t) \tag{3-50}$$

式中，ω 为惯性权重，其值的大小决定了粒子对当前速度继承的多少，设置一个合适的惯性权值有利于调整粒子的探索能力与开发能力，也就是平衡整个算法的全局搜索能力和局部搜索能力。据式（3-50）可知，惯性权值较大的粒子具有较强的探索能力，有利于全局寻优；惯性权值较小的粒子具有较强的开发能力，有利于局部寻优。

f 离散粒子群算法

粒子群算法诞生以后，由于搜索机制简单，程序实现容易，马上被广泛地应用于实际问题的求解，但由于其只能处理连续量问题，对经典的背包、旅行商等离散量问题却一筹莫展。于是 Kennedy 和 Eberhart 于 1997 年对基本粒子群算法进行了离散化的处理，使其能应用于 0-1 变量的离散问题。

离散粒子群优化算法在两方面不同于基本粒子群优化算法。第一，粒子位置是二进制编码形式；第二，粒子的速度表示粒子位置变化的概率。

假设 NP 表示粒子群体规模，粒子位置 $X_i^t = (x_{i1}^t, x_{i2}^t, \cdots, x_{id}^t)$，$x_{id}^t \in \{0, 1\}$ 表示粒子 i 第 d 位在 t 代的值，X_i 也是问题的一个潜在的解。速度 $V_i^t = (v_{i1}^t, v_{i2}^t, \cdots, v_{id}^t)$，$v_{id}^t \in R$。假设 $P_i^t = (p_{i1}^t, p_{i2}^t, \cdots, p_{id}^t)$ 表示粒子 i 直到第 t 代为止的历史最好位置；而 $P_g' = (p_{g1}^t, p_{g2}^t, \cdots, p_{gd}^t)$ 表示直到 t 代的全局最好位置。

与基本粒子群类似，每个粒子根据粒子速度位置更新公式即认识部分和社会部分来调整速度。显然在二进制编码中，粒子的每一位即 x_{id}^t 取 0 或 1，但由更新公式可以看出，v_{id}^t 的计算结果可能不是整数，迭代后 x_{id}^t 可能会取 0、1 以外的其他数值。因此，如何调整速度位置更新公式，使得算法迭代后，x_{id}^t 的取值仍能取 0 或 1。

为此，Kennedy 引入了模糊函数 Sig(x)，定义如下

$$\text{Sig}(V_{ij}^k) = \frac{1}{1 + \exp(-V_{ij}^k)} \tag{3-51}$$

这样，迭代公式就变为

$$x_{id}^t = \begin{cases} 1 & \text{当 } R(0, 1) < \text{Sig}(v_{id}^t) \\ 0 & \text{当其他} \end{cases} \tag{3-52}$$

式中，$R(0, 1)$ 为处于 $[0, 1)$ 之间均匀分布的随机数。通过这种方式将 x_{id}^t 限制在集合 $\{0, 1\}$ 中。

需要说明的是，在基本粒子群算法中，速度 v_{id}^t 能够对当前位置 x_{id}^t 的方向和位置随机产生一定的影响，使得算法在给定区域上进行搜索。但在二进制编码的粒子群算法中，v_{id}^t 仅表示一个概率，即粒子的每一维分量的取值以 Sig(v_{id}^t) 的概率取 1，而取值以 $1-$Sig(v_{id}^t) 的概率取 0。这样，可以定义每一位的改变概率

$$\rho(\Delta) = \text{Sig}(v_{id}^t)(1 - \text{Sig}(v_{id}^t)) \tag{3-53}$$

即

$$\rho(\Delta) = \text{Sig}(v_{id}^t) - \text{Sig}^2(v_{id}^t) \tag{3-54}$$

E   粒子群算法与其他智能算法比较

a   粒子群算法与模拟退火算法比较

模拟退火算法是现在比较常见的一种智能优化算法，但不是仿生算法。它是一种全局型算法，可以跳出局部最优点，与粒子群算法相比也存在着一些异同点。

相同点：

（1）两种算法对优化问题的特性如连续性、可导性等特性无要求，因此具有通用性。

（2）两种算法的优化能力都比较好，且具有较好的鲁棒性。

不同点：

（1）PSO 在寻优时效率较高，而 SA 的搜索效率不高。

（2）二者寻优的方式不同，模拟退火是通过赋予搜索过程一种时变且最终趋于零的概率突跳性，来最终实现避免陷入局部最优。

b   粒子群算法与禁忌搜索算法比较

禁忌搜索算法是组合优化算法的一种，是局部搜索算法的扩展。所谓禁忌就是禁止重复前面的工作。与粒子群算法相比也存在着以下异同。

相同点：

（1）禁忌搜索算法和粒子群算法只能引导种群靠近当前最优解，都不能保证一定获得全局最优解。

（2）都具有记忆性，便于编程应用。

不同点：

（1）禁忌搜索算法可以有效避免陷入局部最优，不易早熟，但对初始解要求比较高；而粒子群算法易陷入局部最优。

（2）禁忌搜索算法可以临时接受"劣解"，"爬山性"较强；粒子群算法只接受最优解，且结构较简单，收敛速度快。

c   粒子群算法与蚁群算法比较

PSO 算法和 ACO 算法都属于群体智能算法，都是基于自然界生物群体的觅食行为提出的优化算法，但是两者所模拟的生物种群不同，PSO 是模拟鸟群的捕食行为，而 ACO 是模拟蚁群捕食过程，因此它们之间也存在着很多相同点和不同点。

相同点：

（1）都对种群的经验具有记忆性和进化性，在进化过程中一直保存着最优解的信息，使得算法拥有一个较好的学习信息。

（2）都有并行性，寻优过程都是从一个解集到另一个解集的进化，并不是从一个解向另一个解进化，可以提高算法的寻优效率，并可以在一定程度上降低算法陷入局部最优的概率。

不同点：

（1）PSO 算法中种群中粒子共享种群历史最优位置，它在很大程度上是一种单项信息共享机制；而 ACO 算法中，种群中的个体只能感知到局部信息，不能直接共享全局信息。

（2）在算法的收敛性研究上，ACO 算法已经有了较为成熟的收敛性分析方法，并且可对收敛速度进行估计；但是 PSO 算法由于理论基础比较薄弱，对算法收敛性分析进行的研究也比较少，虽然目前有简化版本的算法收敛性分析，但将确定性转换成随机性的算法收敛性还需进一步的研究。

（3）初始化对于 ACO 算法寻优的结果影响较大，对于 PSO 算法的影响相对较小，PSO 算法的原理也相对简单，粒子迭代只通过速度更新来确定。

3.2.5　基于改进离散粒子群算法的机群单任务配置模型求解

机群的配置模型求解是一个离散组合优化问题，而离散粒子群算法求解具有收敛速度快、全局优化性好的特点[11]，在解决机群优化配置问题上优势尤为明显。

为了解决 0-1 变量的离散优化问题，需要对基本粒子群算法进行离散化的处理[12]。

3.2.5.1　算法设计

A　粒子编码的设计

对于机群优化配置问题，每个粒子位置对应一个配置方案，这样就将每一种配置方案映射成一个粒子，粒子的飞行表示从一个配置方案到另一个配置方案的选择。随着算法的收敛，粒子逐渐逼近最优配置方案。以推土机、挖掘机、装载机构成的机群为例，机群配置矩阵可表示为

$$\boldsymbol{X} = \begin{bmatrix} T_{11} & \cdots & T_{1a} & W_{11} & \cdots & W_{1b} & Z_{11} & \cdots & Z_{1c} \\ \vdots & T_{ij} & \vdots & \vdots & W_{ij} & \vdots & \vdots & Z_{ij} & \vdots \\ T_{e1} & \cdots & T_{ea} & W_{e1} & \cdots & W_{eb} & Z_{e1} & \cdots & Z_{ec} \end{bmatrix}$$

用 U 表示工程机械，式中，

$$U_{ij} = \begin{cases} 1 & 当单位 U_j 执行第 i 部分任务 \\ 0 & 当单位 U_j 执行第 i 部分任务 \end{cases}$$

设种群中粒子位置的集合为

$$X = \{X_1, X_2, \cdots, X_{\text{pop}}\}$$

式中，POP 为种群大小。

种群中粒子位置如图 3-51 所示。

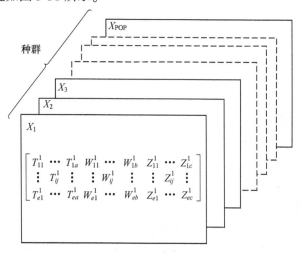

图 3-51　粒子种群位置

例如，任务 a、b、c 部分各分配推土机 1 台、挖掘机 1 台、装载机 1 台的矩阵粒子编码可表示为

$$X = \begin{bmatrix} 1 & 0 & 0 & 1 & 0 & 0 & 0 & 0 & 1 \\ 0 & 1 & 0 & 0 & 0 & 1 & 0 & 1 & 0 \\ 0 & 0 & 1 & 0 & 1 & 0 & 1 & 0 & 0 \end{bmatrix}$$

这样的编码方式可以直观地将各部分任务的机群配置情况表示出来。

B 适应值

适应值由目标函数决定，当机群的配置问题以最短时间为优化目标时，粒子的适应值是根据粒子当前代表的机群配置方案得到的任务完成时间。当机群的配置问题是以最少装备为优化目标时，粒子的适应值是根据粒子当前代表的机群配置方案得到的装备数量。

C 位置更新方式

由于每个单位只能被分到任务的一个部分，每个部分至少分配一个单位，所以位置矩阵每列的和不大于 1，每行的和不小于 1。传统的 BPSO 在处理粒子位置的更新时，粒子中 1 的个数可能发生改变，出现一列都为 0 或 1 行都为 0 的情况，故需对 BPSO 进行改进。离散粒子群算法传统的位置更新公式为[13]

$$X_i^{k+1} = F_3(\text{gBest}^k \otimes F_2(\text{pBest}_i^k \otimes F_1(x_i^k, \phi), \theta), \varphi) \tag{3-55}$$

式中，x_i^k 为第 i 个粒子在第 k 代中的位置，pBest_i^k 为第 i 个粒子在第 k 代中的全局极值，F_1 是速度部分，即粒子本身在随机扰动的作用下脱离原来的位置，F_2 是粒子向自身历史最优值 pBest 进行学习操作，F_3 是粒子向全局最优值 gBest 进行学习操作。ϕ、θ 和 φ 分别表示"随机扰动""认知部分"和"社会部分"的参数及操作符集。

按照本节的编码方式，机群的配置方案由粒子位置矩阵各行 1 的数量决定，所以各行 0、1 的顺序没有实际意义。例如以下两个矩阵：

$$X_j = \begin{bmatrix} 1 & 0 & 0 & 1 & 0 & 0 & 1 & 0 & 0 \\ 0 & 1 & 0 & 0 & 1 & 0 & 0 & 1 & 0 \\ 0 & 0 & 1 & 0 & 0 & 1 & 0 & 0 & 1 \end{bmatrix} \quad X_k = \begin{bmatrix} 1 & 0 & 0 & 1 & 0 & 0 & 0 & 0 & 1 \\ 0 & 1 & 0 & 0 & 0 & 1 & 0 & 1 & 0 \\ 0 & 0 & 1 & 0 & 1 & 0 & 1 & 0 & 0 \end{bmatrix}$$

X_j、X_k 均表示在任务 a、b、c 部分分配推土机、挖掘机、装载机各 1 台。所以在粒子位置矩阵按照式（3-54）迭代时，可对算法进一步改进。若子矩阵各行的和没有改变，则不计算适应值，返回重新迭代，这样可以加快收敛速度。改进的 BPSO 速度与位置更新方式如图 3-52 所示。

3.2.5.2 算法验证

以文献《急造军路工程装备优化配置建模研究》[14] 案例分析中的构筑临时道路任务为例，以最短时间为优化目标，对比线性规划法和离散粒子群算法求解的结果。该道路可分为 3 部分构筑任务，各部分任务工程量见表 3-9。现有推土机 10 台，挖掘机 7 台，装载机 6 台。

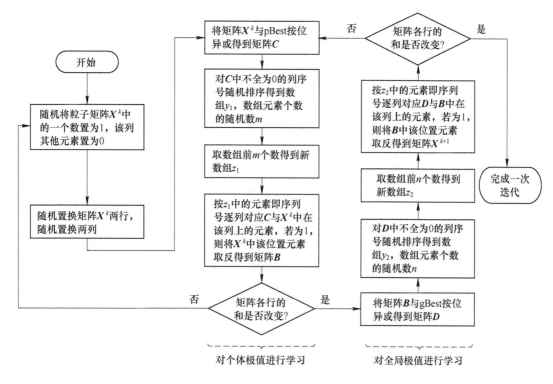

图 3-52 粒子速度与位置更新方式示意图

表 3-9 各部分任务工程量 （m³）

任务部分	1	2	3	总工程量
工程量	6640	7530	7330	21500

任务地域为平原微丘地形，松软土壤，机械在理想环境下（天气晴、无敌情）白天作业。该文以整数线性规划法建立了机群优化配置模型

$$\min t = \max\{t_1,\ t_2,\ t_3\}$$

$$\text{s.t}\begin{cases} t_i = \dfrac{Q_i}{\sum\limits_{j=1}^{3} S_j n_j} \leq t_{限} \quad (i = 1,\ 2,\ 3) \\ n_j \leq n_0 \end{cases} \tag{3-56}$$

式中，第 1 条约束条件为任务完成时间限制，第 2 条约束条件为机械数量限制。利用线性规划法求得的任务完成时间为 4.02h。分别利用传统离散粒子群算法和改进粒子位置更新方式的粒子群算法，根据 3.2.5.1 节 A 中粒子编码的设计对粒子进行编码，用 Matlab 进行编程计算，两种算法的求解过程如图 3-53 所示。

由于离散粒子群算法在运算过程中可能会陷入局部最优，故分别对两种算法重复求解 30 次，发现传统离散粒子群算法平均在迭代 40 次左右达到最优值，而改进的离散例子全算法平均在迭代 20 次左右便可达到最优值。由此可见，改进的离散算法具

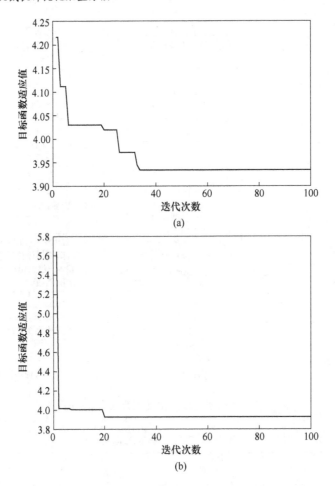

图 3-53 两种算法的求解过程

（a）传统离散粒子群算法迭代过程；（b）改进的离散粒子群算法迭代过程

有更好的寻优能力。利用改进的离散粒子群算法对模型求解 30 次的结果如图 3-54 所示。

从图 3-54 可以看出，利用改进的粒子群算法求得的总任务完成时间为 3.93h，优于文献利用线性规划方法求得的任务完成时间 4.02h。最优结果的机群配置矩阵为

$$\boldsymbol{X}_{\text{T}} = \begin{bmatrix} 1 & 0 & 0 & 0 & 0 & 1 & 1 & 0 & 1 & 0 \\ 0 & 1 & 1 & 0 & 1 & 0 & 0 & 1 & 0 & 0 \\ 0 & 0 & 0 & 1 & 0 & 0 & 0 & 0 & 0 & 1 \end{bmatrix}$$

$$\boldsymbol{X}_{\text{W}} = \begin{bmatrix} 0 & 1 & 1 & 0 & 0 & 0 & 0 \\ 0 & 0 & 0 & 0 & 0 & 1 & 0 \\ 1 & 0 & 0 & 1 & 1 & 0 & 1 \end{bmatrix}$$

$$\boldsymbol{X}_{\text{Z}} = \begin{bmatrix} 1 & 0 & 0 & 0 & 0 & 0 \\ 0 & 1 & 0 & 0 & 1 & 1 \\ 0 & 0 & 1 & 1 & 0 & 0 \end{bmatrix}$$

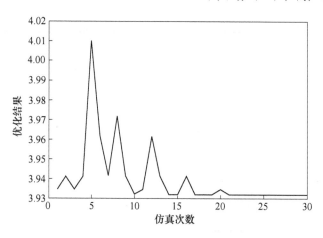

图 3-54 改进的离散粒子群算法重复 30 次求解优化过程

得到工程机械机群的最优配置方案见表 3-10。

表 3-10 最优机群配置方案

任务部分	1	2	3
推土机	4	4	2
挖掘机	2	1	4
装载机	1	3	2
作业时间/h	3.93	3.91	3.92

3.2.6 案例分析

抢修某道路的任务，要求任务尽快完成，且完成时间不得超过 4h。现有工程机械型号数量见表 3-11。根据工程侦察，道路长 2000m，宽 4m，有一处路基崩塌（长 10m），一处土石阻塞（长 100m，宽 3m，高 2m），有一处出现连续弹坑（4 个直径 8m、深 3m 的弹坑）。查阅土石方概算表和土石方量计算，各部分工程量见表 3-12。

表 3-11 工程机械型号数量

机械类型	型号	数量
推土机	I	3
	II	1
	III	1
	IV	1
挖掘机	I	3
	II	2

机械类型	型号	数量
装载机	I	1
	II	1
	III	1
	IV	1
平路机	I	1
压路机	I	1
自卸车	I	6
总计		23

表 3-12 任务各部分工程量

任务组成	克服路基崩塌		克服土石阻塞	克服弹坑
	推挖填土	平整路基		
工程量	2000m³	450m²	900m³	400m³

若根据经验决策，要使任务尽快完成，则应派出全部 23 台工程机械执行任务，机群配置方案见表 3-13，可见，任务完成时间为 3.76h。

表 3-13 经验决策机群配置方案

机械类型型号		任务组成部分		
		克服路基崩塌	克服土石阻塞	克服弹坑
推土机	I	3	0	0
	II	1	0	0
	III	1	0	0
	IV	1	0	0
挖掘机	I	0	0	3
	II	0	0	2
装载机	I	0	1	0
	II	1	0	0
	III	1	0	0
	IV	0	1	0
平路机	I	1	0	0

机械类型型号		任务组成部分		
		克服路基崩塌	克服土石阻塞	克服弹坑
压路机	I	0	0	1
自卸车	I	0	5	1
作业时间/h		3.67	3.76	3.21
装备数量		23		

3.2.6.1　以最短时间为目标的机群的优化配置

对粒子编码，矩阵每列对应一台机械，每行对应各部分任务的机群配置情况，则该任务的机群配置矩阵为

$$X_1 = \begin{bmatrix} X_{1a} \\ X_{1b} \\ X_{1c} \end{bmatrix} = \begin{bmatrix} T_{1a}^{11} & T_{1a}^{12} & T_{1a}^{21} & T_{1a}^{31} & T_{1a}^{41} & 0 & 0 & 0 & 0 & 0 \\ 0 & 0 & 0 & 0 & 0 & 0 & 0 & 0 & 0 & 0 \\ 0 & 0 & 0 & 0 & 0 & W_{1c}^{11} & W_{1c}^{12} & W_{1c}^{13} & W_{1c}^{21} & W_{1c}^{22} \end{bmatrix}$$

$$\begin{bmatrix} Z_{1a}^{11} & Z_{1a}^{21} & Z_{1a}^{31} & Z_{1a}^{41} & P_{1a} & 0 & 0 & 0 & 0 & 0 & 0 \\ Z_{1b}^{11} & Z_{1b}^{21} & Z_{1b}^{31} & Z_{1b}^{41} & 0 & 0 & C_{1b}^{11} & C_{1b}^{12} & C_{1b}^{13} & C_{1b}^{14} & C_{1b}^{15} & C_{1b}^{16} \\ 0 & 0 & 0 & 0 & 0 & Y_{1c} & C_{1c}^{11} & C_{1c}^{12} & C_{1c}^{13} & C_{1c}^{14} & C_{1c}^{15} & C_{1c}^{16} \end{bmatrix}$$

用 Matlab 编程求解模型，以最短时间为目标的优化配置模型的求解过程如图 3-55 所示。

根据程序运算结果，任务最短时间为 3.76h（精确到小数点后两位）。由于离散粒子群算法在运算过程中可能会陷入局部最优，故对模型求解 30 次，算法趋于稳定，得到最优结果。最优配置矩阵为

$$X_1 = \begin{bmatrix} X_{1a} \\ X_{1b} \\ X_{1c} \end{bmatrix} = \begin{bmatrix} 1 & 1 & 1 & 1 & 1 & 1 & 0 & 0 & 0 & 0 & 0 & 0 & 1 & 1 & 0 & 0 & 0 & 0 & 0 & 0 & 0 & 0 & 0 \\ 0 & 0 & 0 & 0 & 0 & 0 & 0 & 0 & 0 & 0 & 0 & 1 & 0 & 0 & 1 & 0 & 0 & 1 & 1 & 0 & 1 & 1 & 1 \\ 0 & 0 & 0 & 0 & 0 & 0 & 1 & 1 & 1 & 1 & 0 & 0 & 0 & 0 & 0 & 0 & 1 & 0 & 0 & 1 & 0 & 0 & 0 \end{bmatrix}$$

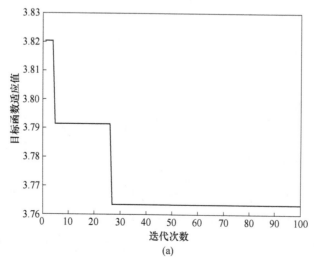

(a)

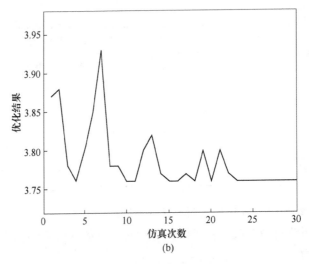

图 3-55　模型求解优化过程

（a）算法迭代过程；（b）重复 30 次求解优化过程

对应的配置方案见表 3-14。

表 3-14　以最短时间为目标的机群配置方案

机械类型型号		任务组成部分		
		克服路基崩塌	克服土石阻塞	克服弹坑
推土机	I	3	0	0
	II	1	0	0
	III	1	0	0
	IV	1	0	0
挖掘机	I	0	0	3
	II	0	0	1
装载机	I	0	1	0
	II	1	0	0
	III	1	0	0
	IV	0	1	0
平路机	I	0	0	0
压路机	I	0	0	1
自卸车	I	0	5	1
作业时间/h		3.76	3.76	3.75
装备数量		21		

3.2.6.2 以最少装备为目标的机群的优化配置

以任务完成时间小于 4h 为约束条件，以最少装备为目标的优化配置模型的求解过程如图 3-56 所示。

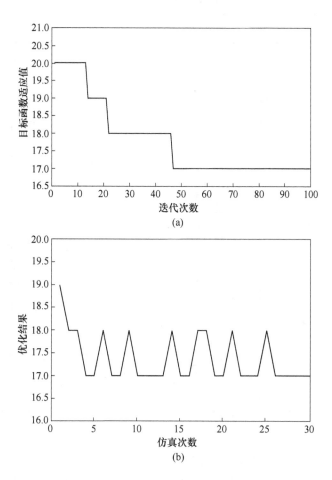

图 3-56 模型求解优化过程

（a）算法迭代过程；（b）重复 30 次求解优化过程

可见，在规定时间内完成任务所需最少装备数量为 17。机群最优配置矩阵为

$$X_1 = \begin{bmatrix} X_{1a} \\ X_{1b} \\ X_{1c} \end{bmatrix} = \begin{bmatrix} 1 & 1 & 0 & 0 & 1 & 1 & 0 & 0 & 0 & 0 & 0 & 1 & 0 & 1 & 0 & 0 & 0 & 0 & 0 & 0 & 0 & 0 \\ 0 & 0 & 0 & 0 & 0 & 0 & 0 & 0 & 0 & 0 & 0 & 0 & 1 & 0 & 1 & 0 & 0 & 1 & 1 & 0 & 0 & 0 & 1 \\ 0 & 0 & 0 & 0 & 0 & 0 & 1 & 1 & 0 & 0 & 0 & 0 & 0 & 0 & 0 & 0 & 0 & 1 & 0 & 0 & 1 & 1 & 1 & 0 \end{bmatrix}$$

对应的配置方案见表 3-15。

表 3-15 以最少装备为目标的机群配置方案

机械类型型号		任务组成部分		
		克服路基崩塌	克服土石阻塞	克服弹坑
推土机	I	3	0	0

机械类型型号		任务组成部分		
		克服路基崩塌	克服土石阻塞	克服弹坑
推土机	Ⅱ	0	0	0
	Ⅲ	1	0	0
	Ⅳ	1	0	0
挖掘机	Ⅰ	0	0	1
	Ⅱ	0	0	0
装载机	Ⅰ	1	0	0
	Ⅱ	0	1	0
	Ⅲ	1	0	0
	Ⅳ	0	1	0
平路机	Ⅰ	0	0	0
压路机	Ⅰ	0	0	1
自卸车	Ⅰ	0	3	3
作业时间/h		3.88	3.76	3.90
装备数量		17		

3.2.6.3 方案决策

综上所述,以最短时间为目标得到的机群优化配置方案完成任务时间为 3.76h,需要装备 21 台;以最少装备为目标得到的机群优化配置方案需要装备 17 台,完成任务时间为 3.90h。三种方案对比见表 3-16。

表 3-16 三种方案对比详情

方案	任务时间/h	装备数量/台
经验决策	3.76	23
以最短时间为目标	3.76	21
以最少装备为目标	3.90	17

可见该部现有装备类型与数量均满足 3 种方案的需求,根据经验的方案并不能显著提高任务完成时间,反而造成装备的冗余,浪费装备资源,影响工程机械效能发挥。根据任务需要尽快完成的要求,确定以最短时间为目标的决策方案为最优方案。

3.3 面向多任务的工程机械机群优化配置

工程机械机群在工程任务中，往往需要同时执行多个任务。多任务可以是单一类型的多个任务（单型多任务），也可以是多种类型的多个任务（多型多任务）。单型多任务是指工程机械在两个或两个以上的地点执行同一类型的工程任务，多型多任务是指在两个或两个以上的地点执行不同类型的工程保障任务。本章采用 HTCPN 分层建模法建立机群多任务配置模型，并利用改进粒子编码方式的离散粒子群算法求解模型，得到最优的机群配置方案。

3.3.1 基于 HTCPN 的机群多任务配置建模方法

与单任务各部分平行作业类似，机群担负的多任务往往也是同时展开的。理论上，多任务可由单型多任务和多型多任务组成，其机群配置组合应有无数种。本节以抢修原有道路、构筑停机坪、构筑掩体等三个单任务组成的多型多任务为例进行建模分析。由于组合的模型较为复杂，可对机群多任务配置模型进行层次扩展。层次着色 Petri 网（HTCPN, Hierachical Timed Color Petri Net）是建立该类模型的有效方法[15]，而 CPN Tools 具备层次化建模功能，是解决该类建模问题的常用工具。

一个 HTCPN 完整模型的第 i 层子网模型是由一个三元组组成，表示为

$$HTCPN\_i = \{Ai, NTCPN\_i, Vi\}$$

式中，Ai 表示该子网的名称；NTCPN_i 表示一个赋时着色 Petri 网 TCPN；Vi 表示该子网的一组定义变量。

CPN Tools 层次化建模可以将一个 CPN 网分配到多个页面，使其分解为多个独立的模型，这样的模型称为子网。实现网分解的功能模块为替代变迁，即先建立一个系统总体高层网络，然后利用替代变迁来扩充模型的内容，将子网分解到更为详细的页面中去。每一个子网都可视为一个独立的 HTCPN 模型，但其输入、输出与高层和其他网关联[16]，如图 3-57 所示。

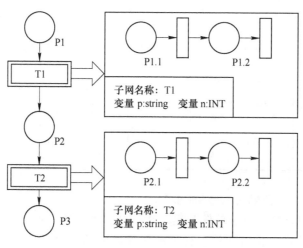

图 3-57 HTCPN 模型示例

CPN Tools 创建层次网有两种方式：由顶至底和由底至顶。由顶至底即先建立一个系统的完整模型，再针对各子系统扩充子层模型。由底至顶即分别创建各子模型的 CPN 网，然后利用替代变迁将其连接起来。由于 3.2.3 节已建立了单任务的机群配置 CPN 模型，所以本节采用由底至顶的方式建立机群多任务配置 CPN 模型，其建模步骤如图 3-58 所示。

步骤 1：建立各部分独立子网；

步骤 2：建立顶层模型；

步骤 3：使用设定端口类型工具为子网的库所设定端口类型；

步骤 4：使用设定子页工具将变迁变为替代变迁，在该替代变迁对应的页面上使用设定子页工具，使其称为一个子页；

步骤 5：使用分配端口/槽工具将每一个端口与槽连接；

步骤 6：进行语法检测，如出现错误则返回步骤 1 修正模型。

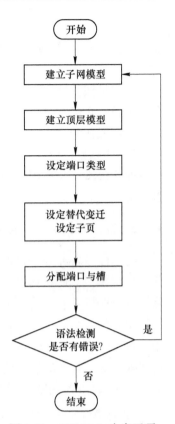

图 3-58 CPN Tools 由底至顶层次化建模过程

3.3.2 面向多任务的机群优化配置建模

当面临多个任务的工程机械机群配置问题时，一般要对机群临时编组。假设接受了抢修道路任务 x 个，构筑停机坪任务 y 个，构筑掩体任务 z 个，各任务工程量见表 3-17。分别以最短时间和最少装备为目标建立机群优化配置模型。

表 3-17 各任务工程量

任务及组成	抢修道路					构筑停机坪			构筑掩体
	克服路基崩塌		克服土石阻塞	克服弹坑		构筑坪基		构筑掩遮部	
	推挖填土	平整路基		填塞弹坑	压实弹坑	推挖填土	平整坪基		
工程量	a_{11}	a_{12}	b_1	c_{11}	c_{12}	d_{11}	d_{12}	e_1	f_1
	a_{21}	a_{22}	b_2	c_{21}	c_{22}	d_{21}	d_{22}	e_2	f_2
	$\vdots$	$\vdots$	$\vdots$	$\vdots$	$\vdots$	$\vdots$	$\vdots$	$\vdots$	$\vdots$
	a_{x1}	a_{x2}	b_x	c_{x1}	c_{x2}	d_{y1}	d_{y2}	e_y	f_z

3.3.2.1 机群多任务配置 HTCPN 模型

根据 3.2.3 节已建立的三个单任务配置 Petri 网模型，在 CPN Tools 上进一步建立抢修原有道路、构筑停机坪、构筑掩体三种不同任务组成的机群多任务配置模型，如图 3-59 所示。

图 3-59 依次展示了三种不同任务组成的机群多任务配置的顶层模型，三个子任务的子层模型。库所 M2 表示总任务，通过变迁 Assign 点火，将工程量分配给三个子任务，任务随即开始执行。三个子任务分别在各子层同时执行，子任务之间不受影响。当设定的工程量完成，即所有的 token 都转移到 Finished_1、Finished_2、Finished_3 库所时，视为仿真结束，此时的仿真时间即为任务完成时间。

3.3.2.2 以最短时间为目标的机群优化配置模型

A 数学模型

总任务的完成时间由耗时最长的任务决定。以最短时间为目标的机群多任务优化配置模型可表示为

$$\min t = \max\left\{ \max(t_a^i,\ t_b^i,\ t_c^i),\ \max(t_d^j,\ t_e^j),\ t_f^k \right\}$$

$$(i = 1,\ 2,\ \cdots,\ x;\ j = 1,\ 2,\ \cdots,\ y;\ k = 1,\ 2,\ \cdots,\ z) \tag{3-56}$$

$$\text{s. t}\begin{cases} \max\left\{ \max(t_a^i,\ t_b^i,\ t_c^i),\ \max(t_d^i,\ t_e^i),\ t_f^k \right\} \leqslant t_{限} \\ U_x^n + U_y^n + U_z^n \leqslant U^n \quad (n = 1,\ 2,\ \cdots,\ N) \end{cases}$$

式中，t_a^i 表示第 i 个抢修道路任务的 a 部分完成时间，其他时间表示以此类推。约束条件分别表示各任务必须在限定时间内完成，且执行任务的各类工程机械数量不能超过现有数量。

在图 3-59 所展示的机群多任务优化配置案例中，其优化配置模型可表示为

$$\min t = \max\{t_1,\ t_2,\ t_3\} = \max\{\max(t_{1a},\ t_{1b},\ t_{1c}),\ \max(t_{2a},\ t_{2b}),\ t_3\} \tag{3-57}$$

式中，t_1，t_2，t_3 分别为三种单任务的完成时间；t_{1a}，t_{1b}，t_{1c} 为抢修道路各部分任务完成时间；t_{2a}，t_{2b} 为构筑停机坪各部分任务完成时间；$\max(t_{1a},\ t_{1b},\ t_{1c})$ 表示抢修道路任务的完成时间；$\max(t_{2a},\ t_{2b})$ 表示构筑停机坪任务完成的时间；t_3 表示构筑掩体任务完成的时间。总任务完成时间等于 3 个任务中耗时最长任务的完成时间。

B 仿真验证

根据 3.2.2 节已建立的 3 个单任务模型，各部分工程量和遂行任务的机群不变，对其组成的多任务 CPN 模型进行仿真分析，其仿真结果如图 3-60 所示。

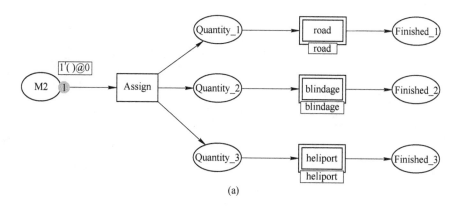

(a)

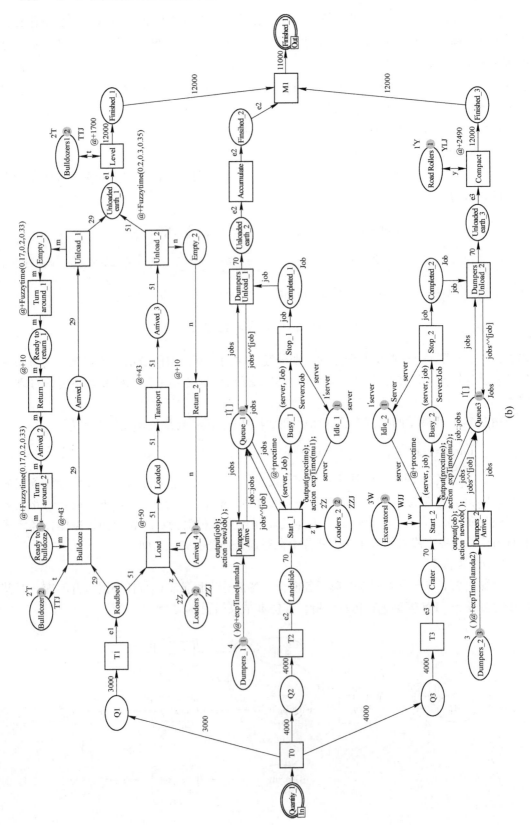

(b)

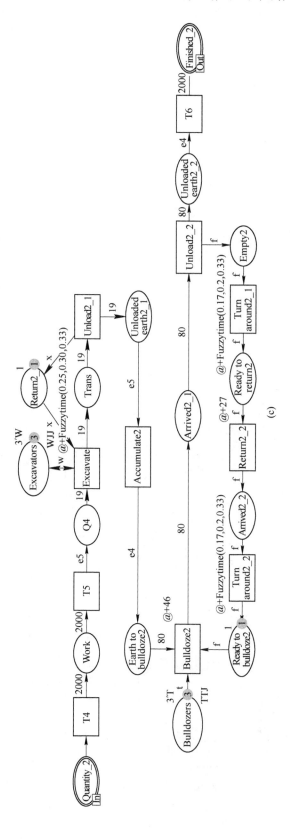

(c)

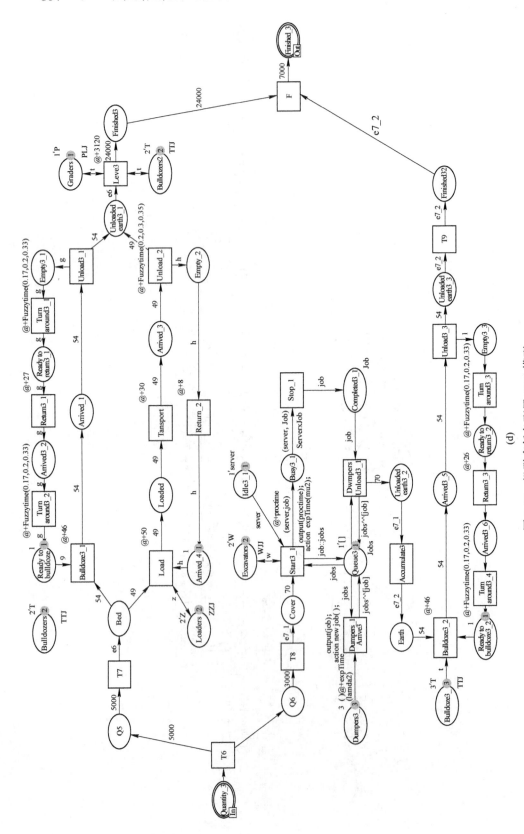

图 3-59　机群多任务配置 CPN 模型

(a) 多任务顶层模型；(b) 抢修道路任务子层模型；(c) 构筑掩体任务子层模型；(d) 构筑停机坪子层模型

从图 3-60 的顶层模型仿真结果来看，3 个 Finished 库所中 token 的时间戳分别为 7637、6144、10945，转换为实际时间分别为 1.27h、1.02h、1.82h，所以任务完成时间为 1.82h。将模型运行 50 次，仿真时间的平均值与公式的计算值对比见表 3-18，误差在允许范围内。由此可见，利用分层建模可以有效地模拟工程机械机群遂行多任务的配置。

表 3-18　仿真时间平均值与计算值对比

时间	仿真 50 次平均值/h	计算值/h	误差/%
任务完成时间	1.84	1.71	7.02

C　以最少装备为目标的机群优化配置模型

相较于以最短时间为目标的机群多任务优化配置模型，以最少装备为目标的机群多任务优化配置模型仅改变了目标函数与时间约束条件。以最少装备为目标即所有配置的机械数量之和最小。以最少装备为目标的机群多任务优化配置模型可表示为

$$\min U = \sum_{i=1}^{x} U_x^i + \sum_{i=1}^{y} U_y^j + \sum_{i=1}^{z} U_z^k$$

$$\text{s.t} \begin{cases} U_x^i, \ U_y^j, \ U_z^k \leqslant U_0^l \\ \max\{\max(t_a^i, \ t_b^i, \ t_c^i, \ )\max(t_d^j, \ t_e^j), \ \max(t_f^k)\} \leqslant t_{限} \end{cases} \tag{3-58}$$

式中，U 为各类工程机械的数量；U_x^i 为遂行抢修道路任务的工程机械；U_y^j 为遂行构筑停机坪任务的工程机械；U_z^k 为遂行构筑掩体任务的工程机械。约束条件表示各型号的工程机械不能超过现有数量，且任务必须在规定时间内完成。

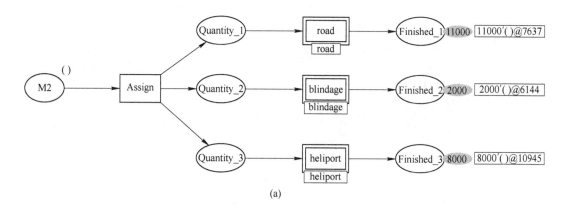

(a)

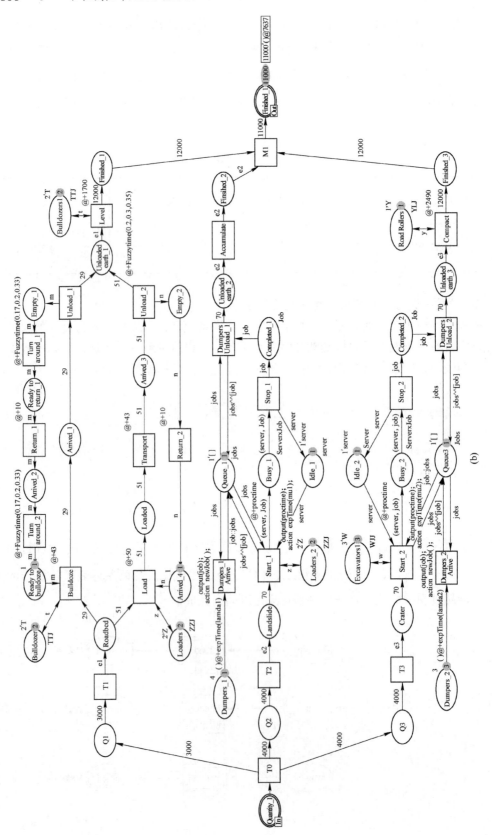

(b)

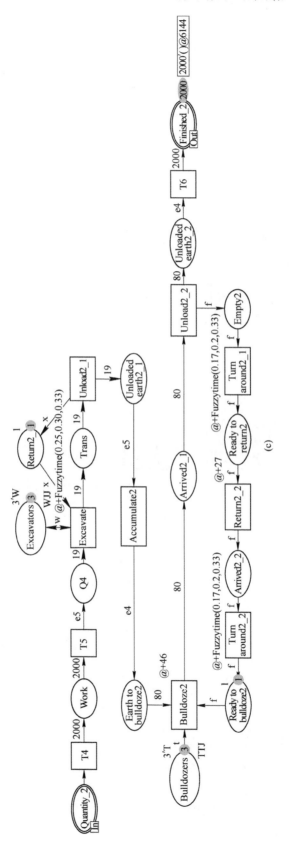

(c)

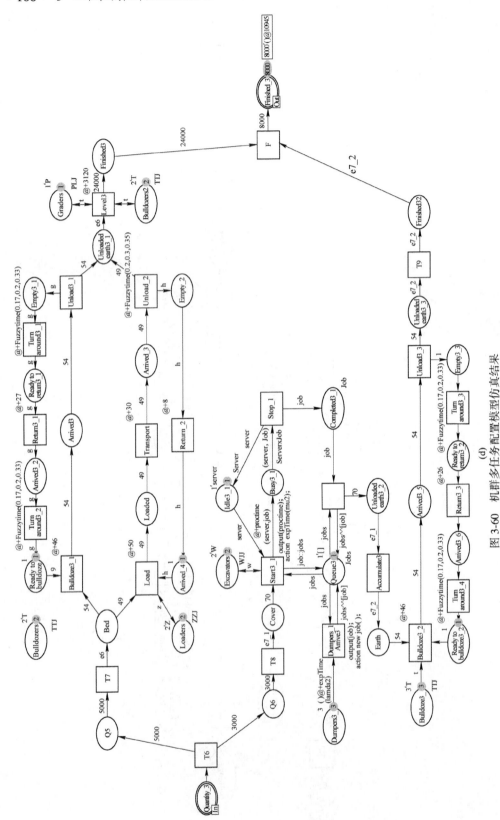

(a) 顶层仿真结果; (b) 抢修道路子层仿真结果; (c) 构筑掩体子层仿真结果; (d) 构筑停机坪子层仿真结果

图 3-60 机群多任务配置模型仿真结果

3.3.3 基于改进离散粒子群算法的机群多任务配置模型求解

相较于机群单任务的优化配置，多任务的优化配置问题增加了任务种类、数量及机群的数量，是一个大规模的离散组合优化问题。目前针对大规模集群问题通常依赖智能优化算法解决，因此机群的多任务优化配置问题仍可采用离散粒子群算法来解决。根据对算法的应用，粒子位置更新方式不变，但需要对粒子重新编码，以解决机群多任务配置中数据规模庞大的问题。

由于执行多任务需要配置的机群数量多，在编码时可将不同类工程机械机群在各任务的配置情况用不同矩阵表示，如

$$
XU = \begin{bmatrix}
U_{x1}^1 & U_{x1}^2 & \cdots & U_{x1}^m & \cdots & U_{x1}^n \\
U_{x2}^1 & U_{x2}^2 & \cdots & U_{x2}^m & \cdots & U_{x2}^n \\
\vdots & \vdots & \ddots & \vdots & \cdot\cdot & \vdots \\
U_{xx}^1 & U_{xx}^2 & \cdots & U_{xx}^m & & U_{xx}^n \\
U_{y1}^1 & U_{y1}^2 & \cdots & U_{y1}^m & \cdots & U_{y1}^n \\
U_{y2}^{11} & U_{y2}^{12} & \cdots & U_{y2}^m & \cdots & U_{y2}^{mn} \\
\vdots & \vdots & \ddots & \vdots & \cdot\cdot & \vdots \\
U_{yy}^1 & U_{yy}^2 & \cdots & U_{yy}^m & & U_{yy}^n \\
U_{z1}^1 & U_{z1}^2 & \cdots & U_{z1}^m & \cdots & U_{z1}^n \\
U_{z2}^1 & U_{z2}^2 & \cdots & U_{z2}^m & \cdots & U_{z2}^n \\
\vdots & \vdots & \ddots & \vdots & \cdot\cdot & \vdots \\
U_{zz}^1 & U_{zz}^2 & \cdots & U_{zz}^m & \cdots & U_{zz}^n
\end{bmatrix}
\tag{3-59}
$$

式中，U_x^m，U_y^m，U_z^m 分别表示第 m 台某类工程机械在三种任务的配置情况，其值为 1 表示配置在该任务，0 表示不配置在该任务。也就是说，每类工程机械的配置情况都由一个矩阵来表示。推土机、挖掘机、装载机、平路机、压路机、自卸车等 6 类机械的配置矩阵 XT、XW、XZ、XP、XY、XC 共同组成一个粒子，根据设计的离散粒子群算法，粒子种群位置更新过程如图 3-61 所示。

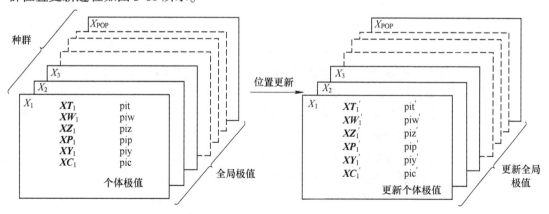

图 3-61 粒子群位置更新过程

传统的离散粒子群算法对粒子进行编码时，配置对象统一编入 1 个矩阵。在机群多任务优化配置问题中，机群数量庞大，难以用 1 个矩阵表示所有工程机械。因此，可以将每类工程机械分别编为 1 个矩阵，各配置矩阵组成一个粒子，且各矩阵独立完成各自的位置更新。每更新一次，对各配置矩阵统一计算适应值，并更新个体极值和全局极值，这样有利于解决多任务机群数量庞大的粒子编码问题。

例如，针对 3 个不同类型的单任务组成的多型多任务，对推土机、挖掘机、装载机机群进行编码：

$$XT = \begin{bmatrix} T_x^1 & T_x^2 & \cdots & T_x^m & \cdots & T_x^n \\ T_y^1 & T_y^2 & \cdots & T_y^m & \cdots & T_y^n \\ T_z^1 & T_z^2 & \cdots & T_z^m & \cdots & T_z^n \end{bmatrix} \quad XW = \begin{bmatrix} W_x^1 & W_x^2 & \cdots & W_x^m & \cdots & W_x^n \\ W_y^1 & W_y^2 & \cdots & W_y^m & \cdots & W_y^n \\ W_z^1 & W_z^2 & \cdots & W_z^m & \cdots & W_z^n \end{bmatrix}$$

$$XZ = \begin{bmatrix} Z_x^1 & Z_x^2 & \cdots & Z_x^m & \cdots & Z_x^n \\ Z_y^1 & Z_y^2 & \cdots & Z_y^m & \cdots & Z_y^n \\ Z_z^1 & Z_z^2 & \cdots & Z_z^m & \cdots & Z_z^n \end{bmatrix}$$

对 3 个矩阵分别进行位置更新，更新后计算适应值。若个体极值更优，更新每个矩阵对应的个体极值；若全局极值更优，更新所有矩阵组成的全局极值。

3.3.4 案例分析

某部同时接到构筑临时道路任务 2 个，抢修原有道路任务 2 个，构筑停机坪任务 3 个，构筑掩体任务 4 个，依次命名为任务 1~任务 11。根据工程侦察，任务地域为平原微丘地形，中等土壤，天气晴，无敌情影响，要求任务在 17h 内完成，且动用的装备尽可能少。各任务情况如下：

任务 1：在 A 点至 B 点构筑一条临时道路，长 1000m，宽 4.5m，有一处土石阻塞（长 100m，宽 3m，高 2.5m）；

任务 2：在 B 点至 C 点构筑一条临时道路，长 1000m，宽 4.5m，有一处土石阻塞（长 100m，宽 3m，高 2m）；

任务 3：抢修 D 点至 E 点的道路，长 1500m，宽 4.5m，有一处土石阻塞（长 150m，宽 3m，高 2m），一处连续弹坑（4 个直径 8m、深 3m，4 个直径 9m、深 3m）；

任务 4：抢修 D 点至 F 点的道路，长 1500m，宽 4.5m，有一处土石阻塞（长 150m，宽 3m，高 2.5m），一处连续弹坑（4 个直径 8m、深 4m，5 个直径 9m、深 m）；

任务 5~任务 6：分别在 G、H 点构筑停机坪，保障直升机停降和隐蔽（停机坪长 60m，宽 40m，掩蔽部长 11.2m，宽 10.4m，高 3.84m）；

任务 7：在 I 点构筑工事，构筑障碍物 3 处（长 100m，宽 2m，深 1.5m），其他工事 5 处（长 8m，宽 5m，深 2.5m）；

任务 8：在 J 点构筑车辆掩体 10 个（长 7m，宽 3m，高 2m）；

任务 9：在 K 点构筑车辆掩体 6 个（长 8m，宽 4m，高 3m）；

任务 10：在 L 点构筑车辆掩体 10 个（长 7m，宽 3m，高 2m）；

任务 11：在 M 点构筑车辆掩体 6 个（长 8m，宽 4m，高 3m）。

经土方量对照表和计算，各任务工程量见表3-19，其中"—"代表内容为空。现有工程机械型号数量见表3-20。

表 3-19 各任务工程量

序号	抢修有道路			构筑临时道路		构筑停机坪			构筑工事 /m³	构筑掩体 /m³
	克服路基崩塌		填塞弹坑 /m³	克服土石障碍/m³	构筑路基 /m³	构筑坪基		构筑掩蔽部 /m³		
	推挖填土 /m³	平整路基 /m²				推挖填土 /m³	平整坪基 /m²			
1	—	—	—	750	2000	—	—	—	—	—
2	—	—	—	600	2000	—	—	—	—	—
3	3000	6750	780	900	—	—	—	—	—	—
4	3000	6750	1022	1125	—	—	—	—	—	—
5	—	—	—	—	—	720	2400	700	—	—
6	—	—	—	—	—	720	2400	700	—	—
7	—	—	—	—	—	—	—	—	1400	—
8	—	—	—	—	—	—	—	—	—	656
9	—	—	—	—	—	—	—	—	—	900
10	—	—	—	—	—	—	—	—	—	656
11	—	—	—	—	—	—	—	—	—	900

表 3-20 工程机械型号数量 （台）

机械类型	推				挖			装					平		压	自	总计
型号	I	II	III	IV	I	II	III	I	II	III	IV	V	I	II	I	I	
数量	10	6	4	4	10	10	4	10	4	4	2	2	2	2	4	30	108

若根据经验决策，派出全部108台工程机械执行任务。根据工程量估算，机群配置方案见表3-21，由此可见，总任务完成时间为15.96h。

表 3-21 经验决策机群配置方案

机械种类		任务序号										
		1	2	3	4	5	6	7	8	9	10	11
推土机	I	2	0	0	0	2	2	0	4	0	0	0
	II	0	2	0	1	1	0	1	0	0	0	0
	III	0	0	3	0	0	0	1	0	0	1	1
	IV	0	0	0	1	1	1	0	0	1	0	0

机械种类		任务序号										
		1	2	3	4	5	6	7	8	9	10	11
挖掘机	I	1	1	0	1	1	1	1	1	0	1	2
	II	2	0	1	1	1	1	1	0	1	2	0
	III	0	0	1	0	0	1	0	0	1	0	1
装载机	I	1	2	1	3	0	1	2	0	0	0	0
	II	1	0	2	1	0	0	0	0	0	0	0
	III	0	1	0	1	2	0	0	0	0	0	0
	IV	0	1	1	0	0	0	0	0	0	0	0
	V	0	1	1	0	0	0	0	0	0	0	0
平路机	I	0	0	0	0	0	1	1	0	0	0	0
	II	0	0	0	0	2	0	0	0	0	0	0
压路机	I	1	1	1	1	0	0	0	0	0	0	0
自卸车	I	5	6	5	7	1	1	5	0	0	0	0
作业时间/h		11.21	8.76	15.69	9.85	5.77	7.82	7.86	10.10	12.14	9.98	15.96
总任务时间/h		15.96										
装备数量/台		108										

3.3.4.1 以最短时间为目标的机群的优化配置

对粒子群编码，利用 Matlab 编程求解模型。设定种群数量和迭代次数，以最短时间为目标的模型求解过程和最优结果如图 3-62 所示。

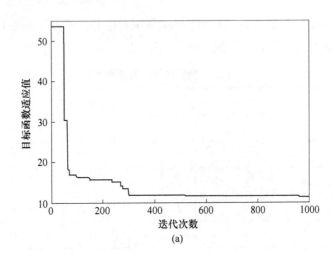

(a)

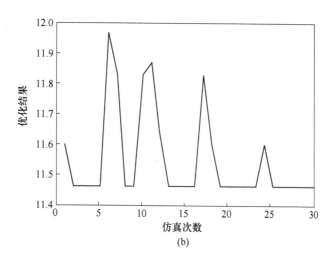

图 3-62 模型求解优化过程

(a) 模型求解过程；(b) 30 次仿真结果统计

由图 3-62 可知任务的最短完成时间为 11.46h，此时机群配置方案见表 3-22。

表 3-22 以最短时间为目标的机群配置方案

机械种类		任务序号										
		1	2	3	4	5	6	7	8	9	10	11
推土机	I	1	1	0	2	2	1	0	0	1	1	1
	II	1	0	1	0	1	1	2	0	0	0	0
	III	0	1	0	0	1	1	0	0	0	0	1
	IV	0	0	2	0	0	0	0	1	1	0	0
挖掘机	I	0	1	0	0	0	1	2	2	1	2	1
	II	0	1	1	1	1	1	0	0	1	2	2
	III	1	0	0	0	0	0	0	0	1	2	0
装载机	I	2	2	1	2	2	1	0	0	0	0	0
	II	0	0	1	1	2	0	0	0	0	0	0
	III	0	0	2	0	0	1	1	0	0	0	0
	IV	0	0	0	1	0	0	1	0	0	0	0
	V	0	0	0	2	0	0	0	0	0	0	0
平路机	I	0	0	0	0	1	1	0	0	0	0	0
	II	0	0	0	0	1	0	1	0	0	0	0
压路机	I	1	1	1	1	0	0	0	0	0	0	0

机械种类		任务序号										
		1	2	3	4	5	6	7	8	9	10	11
自卸车	I	8	4	4	5	5	3	1	0	0	0	0
作业时间/h		10.08	11.36	9.62	10.86	8.17	9.01	8.12	10.00	8.01	11.38	11.46
总任务时间/h		11.46										
装备数量/台		108										

3.3.4.2 以最少工程机械为目标的机群的优化配置

类似地，以最少工程机械为目标的模型求解过程和最优结果如图3-63所示。

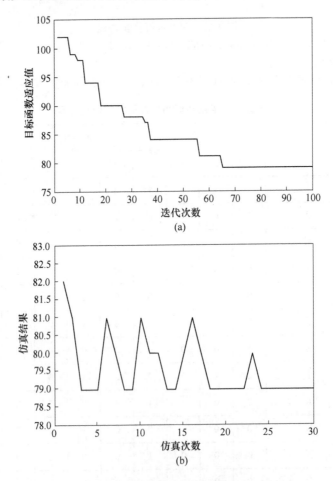

图 3-63　模型求解优化过程

(a) 模型求解过程；(b) 30次仿真结果

由图3-63可知完成任务所需最少工程机械为79台，此时机群配置方案见表3-23。

表 3-23 机群配置方案

机械种类		任务序号										
		1	2	3	4	5	6	7	8	9	10	11
推土机	I	0	1	3	0	0	0	0	1	2	1	0
	II	0	0	0	1	1	1	0	0	1	0	1
	III	0	0	0	0	0	0	1	0	0	0	0
	IV	1	0	0	1	1	1	1	0	0	0	0
挖掘机	I	1	1	0	1	1	1	1	3	0	0	0
	II	0	1	1	0	0	0	0	1	0	2	0	0
	III	0	0	0	0	0	0	1	0	0	1	1
装载机	I	2	1	1	1	1	2	1	0	0	0	0
	II	0	2	1	0	0	0	1	0	0	0	0
	III	1	0	0	1	0	0	1	0	0	0	0
	IV	0	1	0	0	0	0	0	0	0	0	0
	V	0	1	0	0	1	0	0	0	0	0	0
平路机	I	0	0	0	0	0	0	2	0	0	0	0
	II	0	0	0	0	1	1	0	0	0	0	0
压路机	I	1	1	1	1	0	0	0	0	0	0	0
自卸车	I	5	3	3	3	1	1	1	0	0	0	0
作业时间/h		13.44	11.70	12.66	16.29	9.10	12.48	9.51	12.91	12.05	13.76	13.78
总任务时间/h		16.29										
装备数量/台		79										

3.3.4.3 方案决策

综上所述，以最短时间为目标得到的机群优化配置方案完成任务时间为 11.46h，需要工程机械 108 台；以最少工程机械为目标得到的机群优化配置方案需要工程机械 79 台，完成任务时间为 16.29h。三种方案对比见表 3-24。

表 3-24 三种方案对比详情

方案	任务时间/h	工程机械数量/台
经验决策	15.96	108
以最短时间为目标	11.46	108
以最少工程机械为目标	16.29	79

　　由此可见，该部现有工程机械类型与数量均满足 3 种方案的需求。相较于根据经验决策的方案，以最少工程机械为目标的方案在任务时间上与其接近，但在动用工程机械数量上显著减少。根据任务对工程机械数量的要求，确定以最少工程机械为目标的决策方案为最优方案。

参 考 文 献

[1] 张静文，李若楠. 关键链项目调度方法研究评述综述与评论 [J]. 控制与决策，2013 (9)：4-10.

[2] HU C，LIU D. Improved critical path method with trapezoidal fuzzy activity durations [J]. Journal of Construction Engineering & Management，2018，144 (9)：040180901-04018090. 12.

[3] 杨济宇. 工程项目进度管理研究 [D/OL]. 长春：吉林大学，2016.

[4] UHER T，ZANTIS A. Programming and Scheduling Techniques [M]. London：Routledge，2012.

[5] 胡程顺，毛校君. 循环网络模拟技术在土石方工程中的应用 [J]. 中国工程科学，2007 (10)：71-74.

[6] 袁崇义. Petri 网应用 [M]. 北京：科学出版社，2013.

[7] 任神河，郑寇全，雷英杰，等. 基于直觉模糊时间 Petri 网的不确定性时间推理方法 [J]. 火力与指挥控制，2016，41 (11)：30-35.

[8] 刘江. 基于 CPN Tools 研究综述 [J]. 信息技术与信息化，2015 (3)：94-95.

[9] 杜彦华，范玉顺. 扩展模糊时间工作流网的建模与仿真研究 [J]. 计算机集成制造系统，2007 (12)：2358-2364，2381.

[10] 刘康. 共享电动汽车的任务指派问题研究 [D]. 杭州：浙江工业大学，2020.

[11] 王胜春，宏安，李文豪，等. 粒子群优化算法在工程中的应用 [J]. 计算机科学与应用，2020，10 (8)：6.

[12] 梁国强，康宇航，邢志川，等. 基于离散粒子群优化的无人机协同多任务分配 [J]. 计算机仿真，2018，35 (2)：22-28.

[13] 王强，丁全心，张安，等. 多机协同对地攻击目标分配算法 [J]. 系统工程与电子技术，2012，34 (7)：1400-1405.

[14] 冯柯，赵东晓，李焕良，等. 急造军路工程装备优化配置建模研究 [J]. 工兵装备研究，2009，28 (15)：56-59.

[15] 严金凤，柴猛，谢华明. 基于层次时间着色 Petri 网的飞机总装生产线建模 [J]. 南昌航空大学学报（自然科学版），2015，29 (4)：85-89，95.

[16] 周洁. 基于赋色 Petri 网的公交优先信号控制建模与分析 [D]. 西安：长安大学，2017.

4 工程机械机群动态调度方法

工程机械机群在工程任务中，通常面临各种突发情况。为了保证任务完成的连续性和协调性，必须对机群进行合理的调度，使作业效率达到最大化。目前在工程机械工程任务过程中，并没有充分运用机群调度机制来提高作业效率，机群的调度主要依赖于经验，缺乏对调度方案的有效计算。机群调度的不合理，不但会造成装备资源的浪费，而且会限制工程机械机群的工程保障能力。从资源配置的角度分析，目前主要依靠静态的资源配置来实现施工过程的任务分解。而在实际执行任务过程中，系统的各种状态是不断变化的，因此实际调度方案必须考虑系统内各种因素的动态变化，这也就形成了机群动态调度问题。

4.1 机群动态调度问题剖析

4.1.1 机群动态调度问题描述

工程机械机群的动态调度问题，可以简单地描述为：机群在开展多任务作业时，遇突发情况后，根据上级的指示要求，在满足一些必要的条件下（如调度数量、任务完成时间、车辆行驶时间等），使参与调度的工程机械，从某一机群出发，按照指定路线，按时到达目的地，协助其他机群完成任务。工程机械机群动态调度示意图如图4-1所示。

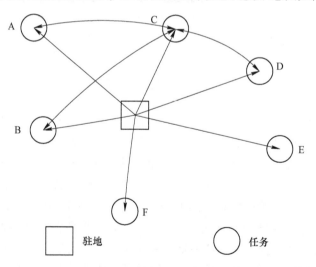

图 4-1　工程机械机群动态调度示意图

由图4-1所示，在同时开展多任务作业，其中机群C面临突发情况，无法达到上级预期目标。指挥中心调度机群A、机群B、机群D的工程机械前往机群C协助作业。任务完成后返回各自机群。在工程实际中，机群开展作业后，通常面临各种突发情况，为了保证任务按时完成，必须实时依据调度信息对机群开展动态调度。目前机群在开展工程保障任务过程中，机群如何开展动态调度，主要靠以往的工作经验，导致机群的调度存在装备资源浪费的情况，如何科学合理地调度机群是本节的主要内容。

4.1.2 机群动态调度构成要素

工程机械机群动态调度问题的主要组成要素包括驻地、工程机械、任务点、信息采集终端、目标函数、约束条件和突发情况。具体情况如图 4-2 所示。

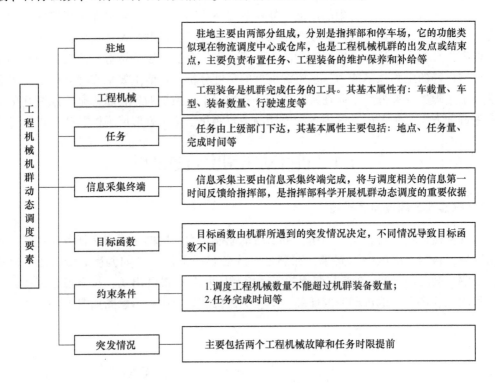

图 4-2 工程机械机群动态调度要素图

工程机械机群动态调度要素中，驻地主要由两部分组成，分别是指挥部和停车场，它的功能类似现在物流调度中心或仓库，也是工程机械机群的出发点或结束点，主要负责布置任务、工程机械的维护保养和补给等；工程装备是机群完成任务的工具。其基本属性有：车载量、车型、装备数量、行驶速度等。车载量主要指的是各台运输车辆的容量；车型是指单车型或多车型（如不同型号的工程装备其作业效率不同）；装备数量指的是各类工程装备的数量和总的数量；行驶速度是指工程机械在转移途中的速度；任务由上级部门下达，其基本属性主要包括地点、任务量、完成时间等；信息采集主要由信息采集终端完成，将与调度相关的信息第一时间反馈，是科学开展机群动态调度的重要依据；目标函数由机群所遇到的突发情况决定，不同情况导致目标函数不同。如任务时限提前，其目标函数为机群在指定时间内完成任务；工程机械故障，其目标函数为最短时间内完成；约束条件主要是指机群在调度过程中的工程机械数量和任务完成时间等；突发情况主要包括工程机械故障和任务完成时限提前。

4.1.3 机群动态调度问题分类

在工程机械机群动态调度模型中，主要包括驻地、工程机械、任务点、信息采集终端、目标函数、约束条件和突发情况等构成要素，根据机群动态调度模型中调度要素的不同，可以对机群动态调度问题进行进一步的分类。

（1）根据机群在配置后是否直接制定机群的调度方案，可以将机群的调度分为静态调度和动态调度。机群的静态调度是指机群在配置的同时已经制定好了机群调度方案，机群在出发时对调度方案是已知的，是有准备的。机群的动态调度是指机群在配置时并未制定相关的调度方案。机群在开展作业后遇到突发情况时，临时制定调度方案。机群静态调度是确定的。机群动态调度由于其突发性和偶然性，其是不确定性的。动态调度的难度远远大于静态调度。

（2）根据机群调度中的工程机械，来自一个机群还是多个机群，可将机群调度问题分为单机群调度问题和多机群调度问题。

（3）根据上级对任务完成时间的要求，可将机群所接受的任务分为无时间窗限制问题和带时间窗限制问题。无时间窗限制问题，即上级对任务完成时间没有具体要求，完成即可。带时间窗限制问题，是指上级对任务完成时间有要求。带时间窗问题，根据上级的要求又可分为软、硬时间窗问题。软时间窗问题是指机群在要求时间内完成任务，任务完成可以延后。硬时间窗问题是指机群必须在该时间内完成任务，只能提前不能延迟。当然机群在执行多任务作业时，也会面对某个任务为软时间窗限制，某个任务为硬时间窗限制的情况。

（4）根据机群的工程机械型号是否相同，可以将机群调度问题划分为单型号问题和多型号问题。单型号问题中，工程机械具有相同的车载量、车型、装备数量、行驶速度等。多车型问题中，工程机械的型号不同，车载量、车型、装备数量、行驶速度等都不相同，所以面对的建模和求解更加困难。

（5）根据优化目标的不同，将机群调度模型分为单目标模型和多目标模型。单目标模型只考虑一个方面，所以相对来说比较简单，而多目标模型需要同时考虑多个方面，其难度较大。在机群动态调度中常见的优化目标有：

1）成本最低。即机群在调度过程中所花费的成本是最低的。主要包括过路费、油费和工时费等。

2）完成时间最短。即要求任务在最短时间内完成。

3）需要平衡两者之间的关系。既要任务完成时间最短又要兼顾成本。

（6）机群在工程实际中所遇到突发情况，主要分为以下3种。

1）装备突发故障。工程机械机群在开展多任务作业时，受多种不确定因素影响，在工程实际中，机群会存在工程机械故障的情况，发生情况后，如不及时采取措施，将导致任务完成失败。面对这一情况，依据实时调度相关信息开展机群动态调度，调度执行其他机群的工程机械前往该任务协助作业，使任务达到预期目标。

2）任务时限提前。工程机械机群在开展多任务作业时，除工程机械发生故障后，还存在某一任务因突发情况导致该任务需要提前完成，这一情况的出现要求任务执行过程中必须临时调度其他机群的工程机械来增援该任务，在不影响其他机群任务完成的情况下，使得该任务在指定时间内完成。

3）装备突发故障和任务时限提前同时发生。工程机械机群在开展多任务作业时，存在以上两种情况同时发生的情况。如果装备突发故障和任务时限提前同时发生在一个任务中，则这类问题可以看作任务时限提前的情况来解决。

（7）根据机群的调度手段，可将机群调度划分为以下两类。

1）从驻地后备机群调度。某部在接到多任务作业后，在机群优化配置后，驻地可能会剩余一些工程机械，当前方机群发生工程机械故障后，此时可以优先考虑从后方驻地调度后备机群开展作业。

2）从正在执行其他任务的机群开展调度。当机群开展多任务作业时，后方驻地的工程机械已全部调出，存在无工程机械可调的情况。遇到这种情况时，需调度其他机群的工程装备开展作业。

当从驻地调度后备机群时，只需要考虑机群从驻地至执行任务地域的机动时间。当从其他任务调度机群时，不仅要考虑任务之间的机动时间，还要确保各任务均在要求时间内完成。从驻地调度的本质实际是机群的优化配置问题，相对来说比较简单，之前已有人做过研究，本节只介绍第二种情况，即机群间的动态调度。当然机群间的动态调度是有限度的，如果开展作业时机群中的工程机械大面积的故障或者任务时限大幅度提前，此时想要通过机群间的调度去确保任务完成是不可能的，此时只能从驻地调度后备机群前来协助作业才能使任务完成。

综上所述，工程机械机群动态调度问题是一个多机群调度、多型号装备、硬时间窗限制、单目标模型的机群间动态调度问题。根据突发情况不同具体可分为面向工程机械故障的工程机械机群动态调度和面向任务时限提前的工程机械机群动态调度。

4.1.4　机群动态调度建模方法

4.1.4.1　基于 Petri 网的建模方法

Petri 网作为常用的建模工具，近些年不少研究人员在研究动态调度问题时，使用其进行建模，它具有系统图形化、数字化的优点，利用 Petri 网建立机群作业模型，能有效模拟施工过程，对于研究机群的动态调度具有非常重要的意义。

4.1.4.2　基于时空网络模型的建模方法

时空网络主要由节点、接线两种要素组成。其中节点主要包括车场和任务点，具有简洁、明了的特点。其最早在 1995 年时有专家学者就将时空网络模型应用于飞机飞行的排班和调度中[1]，有效地解决了飞机的动态调度问题。同时，时空网络也被大量运用高铁、公交车、租赁汽车的调度中[2]，从而得到全局性的较好的调度方案，很好地解决了陆运中车辆的编排和利益最大化等问题。Kliewer 在就时空网络应用于车辆调度问题做进一步研究时，通过减少空驶弧的方法，使时空网络模型简易化，因此时空网络对于工程机械机群的调度研究具有相当大的优势[3]。

时空网络是二维空间，横坐标代表时间，纵坐标代表任务。任务之间由调度弧连接，它可以简单明了地看出各任务之间工程机械的调度关系。时空网络构造图如图 4-3 所示。

在该时空网络构造图 4-3 中，r_i 代表任务，t 代表机群完成任务的时间，使用弧代表此时此刻 r_i 任务中无空闲装备，无特殊情况不开展工程机械的调度；空闲弧为此时此刻 r_i 中存在空闲装备可以开展工程机械的调度；调度弧可以清楚地看出任务之间的装备调度情况。

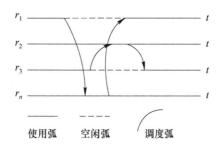

图 4-3　时空网络构造图

由上述分析可得，时空网络主要是由大量的节点和不同弧组成二维空间图，在实际时空网络构建的过程中，一张二维空间的时空网络图不能精准地体现所有工程机械的调度情况，所以构建不同的时空网络图层对应不同的工程机械，可以更加精准的体现机群的动态调度。在构建工程机械机群调度问题的时空网络时，应按照时空网络的构建步骤生成，主要由两步组成，具体步骤如下。

对于不同的工程机械所对应的时空网络层都有：

步骤 1：生成任务节点、使用弧和空闲弧，在已知任务数量、工程量、路径、工程机械性能的基础上，基于排队论理论，可以得出工程机械的空闲率，由工程机械的空闲率可得出任务节点，从而得到使用弧和空闲弧；

步骤 2：生成调度弧，根据已生成的任务转化节点，根据调度需求和时间顺序生成调度弧。

4.1.4.3　数学建模法

许多现实生活中问题，都可以用数学建模的方法解决，数学模型是把事物的主要特征、主要关系具体出来，它可以使复杂的问题简易化，常常被用于解决工程实际中的一些问题。近些年，随着研究的深入和计算机的发展，数学建模的应用更加广泛和成熟。

综上所述，本节基于时空网建立面向工程机械故障的工程机械机群动态调度模型。将最短时间作为决策目标，采用数学建模的方法，建立机群动态调度数学模型；建立面向任务时限提前的工程机械机群动态调度模型。将指定时间完成作为决策目标，采用数学建模的方法，建立机群动态调度数学模型。

4.1.5　机群动态调度求解算法

工程机械机群动态调度的求解算法一般情况下主要分为精确算法和启发式算法两类。机群动态调度求解算法分类图如图 4-4 所示。

机群动态调度的问题可以看成组合优化问题，精确算法和启发式算法常被用于求解这类问题，但是由于两者的算法原理不同，这两种算法所适应的问题也不相同。精确算法通常适用于比较简单的组合优化问题，一旦将精确算法应用于比较复杂的问题，将导致其求解过程变长，不适用于突发情况下的调度方案的快速得出。因此对于较为复杂的组合优化问题求解常用的方法是启发式算法，启发式算法分为经典启发式算法和智能启发式算法两大类。前者的优点是可以快速找到组合优化问题的解，但其常常会陷入局部最优解，不能找到全局最优解。后者的优点是可以快速地跳出局部最优解从而找到全局最优解。其缺点

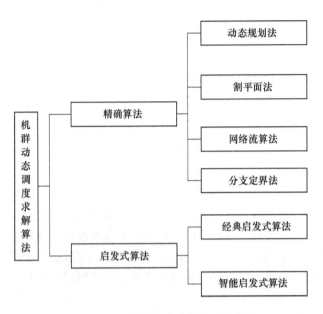

图 4-4 机群动态调度求解算法分类图

是相比于前者其算法设计比较复杂。本节介绍当前常用于求解组合优化问题的智能启发式算法。

4.1.5.1 禁忌搜索法

禁忌搜索算法是 20 世纪 90 年代提出的，它克服了经典启发式算法的容易陷入局部最优解的缺陷，它的优点就是全局寻优，灵感来源于人工智能的模拟。该算法的基本原理就是不断地阻止算法进入局部最优解，从而找到全局最优解。具体步骤如下。

（1）随机设置初始解，将禁忌限制设计为无。

（2）判断是否到达进化条件。达到条件则直接输出结果，反之进行下一步。

（3）在初始解的基础上对解进行改造，得出新的解。在新的解中选出一部分解作为备用解。

（4）对备用解进行判断，其是否满足特赦条件，满足则把其作为新的解，并将其列入禁忌限制中。同时将其视为全局最优解，返回第二步。反之进入下一步。

（5）判断备用解是否已被列入禁忌限制，选择未列入的备用解作为最优解，将其他备用解列入禁忌限制中。

4.1.5.2 粒子群算法

1986 年 Bold（Bird-old）模型被提出，研究人员在研究这一模型时，得出了粒子群算法。该算法的最大的特点就是优中选优，在不断进化的过程中，得出最优解。在算法中，粒子代表解，所有的粒子组合在一起成为解的集合。粒子的个体和个体之间总是保持着距离，但是集合的整体性并没有因此而受到影响。研究者通过对此类生物群体行为的进一步观察研究，发现该类群体中存在着一种有效信息共享机制，总是可以使集体的利益最大化，这也就成了粒子群算法形成的基础。

在粒子群算法中，最优解是一步一步选出来的，在第一个解的基础上，优中选优，最后得出最优解。解的好坏可以通过提前设置优化目标来确定，粒子群算法在运算过程中，使得粒子不断优化，最终找到最优解，即全局极值。

假设总数为 N 的粒子在 D 维空间自由的移动。其第 i 个粒子的位置、速度、局部解和全局解均可用数学向量表示，分别为 $P_i = (P_{1i}, P_{2i}, P_{3i}, \cdots, P_{Di})$、$V_i = (V_{1i}, V_{2i}, V_{3i}, \cdots, V_{Di})$ $\text{pBest}_i = (P_{1i}, P_{2i}, P_{3i}, \cdots, P_{Di})$ 和 gBest_i。其公式见式（4-1）

$$V_{id}^{t+1} = V_{id}^{(t)} + c_1 \cdot rand() \cdot (\text{pBest}_{id}^{(t)} - V_{id}^{(t)}) + c_2 \cdot rand() \cdot (\text{gBest}_{id}^{(t)} - V_{id}^{(t)})$$

$$X_{id}^{(t+1)} = X_{id}^{(t)} + V_{id}^{(t+1)} \quad (1 \leq i \leq N, \ 1 \leq d \leq D) \tag{4-1}$$

式中，c_1 和 c_2 为不定因子，$rand()$ 为 $[0, 1]$ 内的数；pBest 和 gBest 在粒子群中的迭代过程见式（4-2）和式（4-3）

$$\text{pBest}_t^{(t+1)} = \begin{cases} \text{pBest}_t^{(t)} & \text{当 } F(P_i^{(t+1)}) \geq F(P_i^{(t)}) \\ P_i^{i+1} & \text{当 } F(P_i^{(t+1)}) < F(P_i^{(t)}) \end{cases} \tag{4-2}$$

$$\text{gBest}^{(t+1)} = \min\{F(\text{pBest}_1^{(t+1)}), F(\text{pBest}_2^{(t+1)}), \cdots, F(\text{pBest}_D^{(t+1)})\} \tag{4-3}$$

式中，$F()$ 为适应度函数，主要作用是根据此函数更新所有粒子的 pBest，然后用 pBest 得到全局最优质的 gBest。

粒子群中的粒子根据式（4-1）在两维的移动空间中，从位置 1 移动到位置 2。如图 4-5 所示。

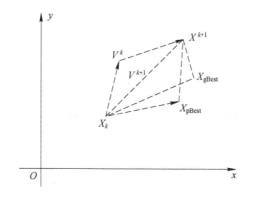

图 4-5　粒子在二维空间移动示意图

经过前面的分析可以看出，粒子群算法是一种优中选优的算法，算法的具体设计步骤如图 4-6 所示。

4.1.5.3　遗传算法

遗传算法是一种智能启发式算法，算法灵感来源于自然界中"物竞天择，适者生存"的法则，生物要想生存下去，无论是个体还是种群都必须不断地进化，进化的方式是子辈学习父辈，学习的过程是取其精华、去其糟粕，将上一辈好的方面学习继承下来的同时，它们自己也会面对环境不断地发展进步，从而不断促进整个种群的进步和发展，使得种群始终能够适应环境的变迁，不被自然界所淘汰。研究人员将这一理论运用于计算机的算法中，从而形成了遗传算法。在遗传算法中一个解相当于自然界中的个体，无数个解组成的集合[4]，相当于生物的种群，寻找最优解的过程相当于种群的不断进化，寻找最优解的方式主要模拟自然界中的基因突变，主要通过交叉运算和变异运算来不断加快种群的进化速度，即收敛速度。模拟基因染色体设计行数为一的矩阵来作为解的具体形式。先随意选

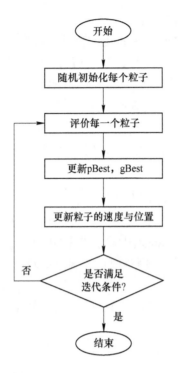

图 4-6 粒子群算法步骤图

择一个解作为初始解，求其适应值，然后，对解进行交叉、变异运算，形成下一代，得出其适应值后与前者比较，优者留下，周而复始，直至到达进化条件，得出最优解[5]。

遗传算法为求解复杂的组合优化问题提供了一种通用载体，并不是简单地仅仅针对某一具体的问题，而具有很广泛的适应性，主要包括以下几个领域。

（1）动态调度问题。机群的动态调度问题，可以看成一个复杂的组合优化问题，一个组合代表一个解，求解的过程就是在已知的空间寻找符合函数目标的组合。遗传算法可以很好地跳出现有的局域最优解，快速收敛迅速达到目标函数的要求。

（2）组合优化问题。在解决此类问题时，随着算法的进一步处理，将面临海量的数据，随着数据量的增加，将导致解不能快速地跳出局部最优解。遗传算法由于具有选择、变异等运算，可以快速地跳出局部最优解，快速到达目标函数要求。

（3）人工智能领域。研究人员在对人工自适应系统进行研究时获得灵感，遗传算法由此而来，所以人工智能领域也成为遗传算法的一个重要应用领域。

综上所述，本节采用基于粒子群算法求解面向工程机械故障的工程机械机群动态调度模型。主要原因是模型的决策目标为机群在最短时间将任务完成，如果把完成时间看成一个解，由于调度方案不同，则解不同，需要在短时间内，科学地找到最小的解。这是一个优中选优的过程，而粒子群算法正好可以解决这一问题，该算法在现有解的基础上，不断更新模型的解，逐步逼近最优解，直到达到设定的条件。采用遗传算法求解面向任务时限提前的工程机械机群动态调度模型，主要原因是模型的决策目标为机群在指定时间将任务完成。模型的决策目标决定了该模型的求解过程不是优中选优的过程，而是点到为止的过程，即只要达到任务指定的完成时间即可。它需要解可以迅速地跳出现有范围，而遗传算法是解决这一问题的最佳算法，主要通过交叉、变异等过程使算法更容易出现收敛。

4.2 面向工程机械故障的工程机械机群动态调度

工程机械机群在科学配置的基础上在开展多任务作业时，受多种不确定因素影响，在工程实际中，机群会存在工程机械故障的情况，发生情况后，如不及时采取措施，将导致任务完成失败。面对这一情况，依据实时调度相关信息开展机群动态调度，调度执行其他任务的工程机械前往该任务协助作业，使任务达到预期目标。本节基于时空网络建立面向工程机械故障的工程机械机群动态调度模型，以最短时间为决策目标，用离散粒子群算法求解。

4.2.1 基于时空网络建立动态调度模型

4.2.1.1 问题描述

面向工程机械故障的工程机械机群动态调度可以简化看成公交车的动态调度问题，如某一线路的公交车出现故障，需调度其他线路的公交车到该线路支援，以追求利益最大化。其二者的原理虽有相似之处，但两者的优化目标不同，公交车动态调度的优化目标绝大多数情况下是成本最低，效益最高。但工程机械机群动态调度在工程实际中其最主要的优化目标是时间最短。再加上突发情况的不确定性，故比车辆动态调度问题复杂得多。两者虽然在优化目标和调度环境上有本质区别，但公交车开展动态调度的建模方法和求解算法可以借鉴使用。研究机群动态调度问题的目的是在满足一定的条件下，在道路抢修进度未到达预期目标工程机械发生故障时，机群可以科学、迅速地调度工程装备，如迅速得出调度路线、调度方案和任务完成最终时间等。

工程机械机群在开展作业时，工程机械发生故障后，导致该任务完成时间超过规定时间，为使任务按时完成，开展机群动态调度，如图 4-7 所示。任务 1 到任务 n 在前期机群配置的基础上，预计任务完成时间为 t_1，由于任务 3 在 t 时突发工程机械故障，导致其工期延长至 t_2，使整体任务无法在规定时间完成，故依据实时调度信息在 t 时刻立即开展机群动态调度，从而达到预定目标。

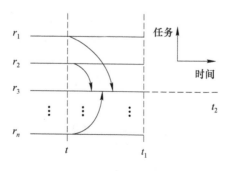

图 4-7 问题描述实例图

综上所述，面向工程机械故障的工程机械机群的动态调度由于其情况的特殊性，其优化的目标只有一个，即任务 3 在最短时间内完成。但在工程实际中任务的完成时间与诸多因素有关，故为简化模型做以下假设。

（1）机群在开展动态调度前已开始作业一段时间，机群工程机械的实际工作效率已通过"信息采集终端"反馈，故假设机械实际作业效率已知，为机群开展调度前"信息采集终端"反馈的平均作业率。

（2）本节对任务点的定义是工程机械完全无法通行，但假设驻地前往各个任务点的道路和工程机械调度过程中的道路都是完全畅通无阻的。

（3）在任务点的选取上，考虑道路里程超过一定公里数的任务点。任务点抢修任务完成的认定方面，本着先通后善的原则，有一车道可以允许卡车或大型机械通过，即可认为任务完成。

（4）任务点可以容纳多个工作队同时进行施工，且施工效率不因施工机械的增多而减少。

（5）工程机械机群的各种补给及时，故不存在返回驻地补充油料的情况。由工程机械的性能和作业效率已知，在已知工程量的情况下，各抢修工时均可认为已知。

（6）紧急时期道路能够优先使用或专用。所以工程机械行驶速度不受车流量的影响，因此机群的调度转移时间可认为已知。

（7）一般情况下，机群工程机械型号是不相同的，不同型号机械的工作效率、转运速度也会存在偏差，为了简化问题的复杂程度，故不考虑机型的问题。

（8）参与机群动态调度的工程机械装备性能良好，行驶速度为 30km/h，能按时到达目的地。

（9）机群所面临的任务同等重要，任务之间无先后次序。

（10）机群受领的任务统一由上级部门下达，其基本属性主要包括：地点、任务量、完成时间等。

（11）目标函数由机群所遇到的突发情况决定，不同情况导致目标函数不同。如工程机械故障，其目标函数为最短时间内完成。

（12）参与调度的装备只从机群之间开展调度，不考虑从驻地调度后备机群。

4.2.1.2　模型构建

通过分析工程机械机群的动态调度问题可知，要解决这一问题，核心是要对不同任务工程机械的调度种类、数量进行精确的数学建模，因此，基于对机群动态调度问题的定义及模型假设，采用时空网络建立面向工程机械故障的工程机械机群动态调度模型。

A　参数定义

由于动态调度模型中参数变量较多，对其进行定义，可方便后续工作的开展，具体见表 4-1 和表 4-2。

表 4-1　动态调度参量

参量	描　　述
u	机群中工程机械的数量
u_i^k	第 i 个任务中第 k 种工程机械的数量
T	完成任务的规定时间

表 4-2 动态调度变量

变量	描 述
u_{iht}^k	T 时刻第 i 个任务中第 k 种工程机械调度弧上工程机械的数量
u_{it}^k	调度结束后各任务第 k 种工程机械的数量
t_i	任务 i 完成任务的时间

表 4-1 中，$n \in N^+$，如 u^1 代表推土机，u^2 代表挖掘机，u^3 代表装载机等。

B 建立模型

以工程机械机群完成任务时间最短为决策目标，考虑工程机械数量约束、工程机械调度数量约束和任务完成时间约束，制定机群调度策略。基于时空网络建立面向工程机械故障的工程机械机群动态调度模型。

$$\min t = \max\{t_1,\ t_2,\ t_3,\ \cdots,\ t_n\} \tag{4-4}$$

该函数必须满足以下条件：

（1）在机群开展动态调度时，参与调度的工程机械数量必须小于任务现有的工程机械数量，即未完成的任务都必须有一定数量的工程机械且各种工程机械都必须至少有 1 台。其约束条件如下：

$$1 \leqslant u_i^n \leqslant u^n \tag{4-5}$$

（2）在机群的调度中，T 时刻任务 i 的调度弧上的第 n 种工程机械的数量小于任务 i 的第 n 种工程机械的数量。其约束条件如下：

$$u_{iht} < u_i^n \tag{4-6}$$

（3）机群调度结束后，机群工程机械的总数之和应不变。其约束条件如下：

$$\sum_{i=1}^{i=n}\sum_{k=1}^{k=n} u_{it}^k = u \tag{4-7}$$

（4）无论机群如何开展动态调度，参与调度的任务，其任务完成时间，应在规定时间完成。

$$t_i \leqslant T \quad (i = 1,\ \cdots,\ a) \tag{4-8}$$

综上，面向工程机械故障的工程机械机群的动态调度模型见式（4-9）。

$$\min t = \max\{t_1,\ t_2,\ t_3,\ \cdots,\ t_n\}$$

$$\mathrm{s.\,t} \begin{cases} u_{iht} < u_i^u \\ \sum\limits_{i=1}^{i=n}\sum\limits_{k=1}^{k=n} u_{it}^k = u \\ 1 \leqslant u_i^n \leqslant u^n \\ t_i < T \end{cases} \tag{4-9}$$

在式（4-9）中，s.t 为受限于 n 个不等式约束条件。

4.2.2 基于离散粒子群算法求解动态调度模型

基于离散粒子群算法求解面向工程机械故障的工程机械机群动态调度模型的主要原因

是模型的决策目标为机群在最短时间将任务完成，如果把完成时间看成一个解，调度方案不同，则解不同，所以需要在短时间内，科学地找到最小的解。这是一个优中选优的过程，而离散粒子群算法正好可以解决这一问题，该算法在现有解的基础上，不断更新模型的解，逐步逼近最优解，直到达到设定的条件。

4.2.2.1 算法原理

粒子群算法最初主要的求解对象为连续函数，但在现实生活中有许多问题属于优化组合问题，即离散问题。比如实际工程中车辆的调度和路径问题等。离散粒子群算法和粒子群算法之间有显著的区别，不仅仅体现在编码形式上，最重要的是速度向量变为一定范围内随机产生的数值，来确定当前粒子的位置与速度。此外，标准粒子群算法先要将实数编码转为离散的整数编码，然后进行解码，这样做的缺点是使求解过程变得更加复杂，效率低下，不利于大规模的运算。而离散粒子群算法采用一种新的编码方式，这样做的优点是粒子的位置更新可以直接在离散域进行，大大降低了解码的时间，从而提高效率。

潘全科等人将粒子群算法进行离散化操作，并将其成功地应用到作业车间的调度问题中。其位置更新公式如下：

$$x_i^{k+1} = c_2 \otimes f_3\{c_1 \otimes f_2[w \otimes f_1(x_i^k),\ \text{pBest}_i],\ \text{gBest}\} \tag{4-10}$$

式中，c_1、c_2 为交叉概率；w 为惯性权重，且它们均为 0 到 1 之间的数；i 表示粒子群中第 i 个粒子；k、$k+1$ 为进化次数；pBest_i 代表的是第 i 个粒子在进化过程中的最优值；f_1、f_2、f_3 为操作算子，可根据不同的调度问题进行设计。粒子的更新速度见式（4-11）~式（4-13）。

$$E_i^k = w \otimes f_i(X_i^k) = \begin{cases} f(X_i^k) & \text{当 } r < w \\ X_i^k & \text{当其他} \end{cases} \tag{4-11}$$

$$F_i^k = c_1 \otimes f_2(E_i^k,\ \text{pBest}_i) = \begin{cases} f_2(E_i^k,\ \text{pBest}_i) & \text{当 } r < c_1 \\ E_i^k & \text{当其他} \end{cases} \tag{4-12}$$

$$X_i^k = c_2 \otimes f_3(F_i^k,\ \text{gBest}) = \begin{cases} f_3(F_i^k,\ \text{gBest}) & \text{当 } r < c_2 \\ F_i^k & \text{当其他} \end{cases} \tag{4-13}$$

式（4-12）表示粒子 i 可以根据自身的最优位置 pBest_i 调整；f_2 为粒子 E_i 和 pBest_i 的交叉操作。算法流程如图 4-8 所示。

4.2.2.2 算法设计

工程机械机群动态调度模型的求解，可以看成一个离散组合优化问题。目前来看解决这一类问题比较有效的算法是启发式算法。结合本节研究的问题和其所具有的特殊性，选用启发式算法中的离散粒子群算法来求解面向工程机械故障的工程机械机群的动态调度模型。该算法的主要优点是：收敛速度快、全局优化性好，对于解决离散组合优化问题优势尤为明显。

A 粒子编码的设计

对于面向工程机械故障的工程机械机群的动态调度问题，每一个粒子都对应一个新的调度方案，机群调度方案的选择和优化，可以看成粒子的筛选。随着算法的进行，不断接近机群的最优调度方案。

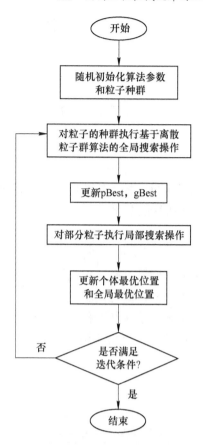

图 4-8 离散粒子群算法流程图

在机群动态调度问题中，将所有工程机械进行编码，一台工程机械有其对应的编码，则机群表示为

$$X = \{u_1^1, u_2^1, \cdots, u_n^1; u_1^2, u_2^2, \cdots, u_n^2; u_1^n, u_2^n, \cdots, u_n^n\} \tag{4-14}$$

假设机群此时同时作业的任务数为 i，有 n 种工程机械参与作业，则机群动态调度方案可表示为

$$X = \begin{bmatrix} u_{11}^1 & \cdots & u_{1x_1}^1 & u_{11}^2 & \cdots & u_{1x_2}^2 & u_{11}^n & \cdots & u_{1x_n}^n \\ \vdots & & \vdots & \vdots & & \vdots & \vdots & & \vdots \\ u_{i1}^1 & \cdots & u_{ix_1}^1 & u_{i1}^2 & \cdots & u_{ix_2}^2 & u_{11}^n & \cdots & u_{1x_n}^n \end{bmatrix} \tag{4-15}$$

式中，$u_{ix_n}^n$ 为 0、1、-1，0 表示 $u_{ix_n}^n$ 不参与机群动态调度；1 表示第 i 个任务调度入 u^n 型工程机械 1 台；-1 表示第 i 个任务调度出 u^n 型工程机械 1 台。动态调度方案可进一步具体到各型工程装备的调度方案，见式（4-16）。

$$X_B = \begin{bmatrix} u_{11}^1 & \cdots & u_{1x_n}^1 \\ \vdots & & \vdots \\ u_{i1}^1 & \cdots & u_{ix_n}^1 \end{bmatrix}$$

$$\boldsymbol{X}_E = \begin{bmatrix} u_{11}^2 & \cdots & u_{1x_2}^2 \\ \vdots & & \vdots \\ u_{i1}^2 & \cdots & u_{ix_n}^2 \end{bmatrix}$$

$$\boldsymbol{X}_M = \begin{bmatrix} u_{11}^n & \cdots & u_{1x_n}^n \\ \vdots & & \vdots \\ u_{i1}^n & \cdots & u_{ix_n}^n \end{bmatrix} \tag{4-16}$$

式中，$\boldsymbol{X}_B$、$\boldsymbol{X}_E$、$\boldsymbol{X}_M$ 分别表示推土机、挖掘机和第 n 型工程机械的动态调度情况。

任务 i 参与机群动态的工程机械的数量

$$u_i^n = \sum_{j=1}^{x_n} u_{ij} \tag{4-17}$$

式中，$u_i^n = \begin{cases} x & \text{当任务 } i \text{ 调入 } x \text{ 辆第 } n \text{ 种工程机械} \\ 0 & \text{当任务 } i \text{ 无工程机械参与调度} \\ -x & \text{当任务 } i \text{ 调出 } x \text{ 辆第 } n \text{ 种工程机械} \end{cases}$

设面向工程机械故障的工程机械机群动态调度方案解的集合为

$$\boldsymbol{X} = \{X_1, X_2, \cdots, X_{\text{POP}}\}$$

也可用图 4-9 表示。

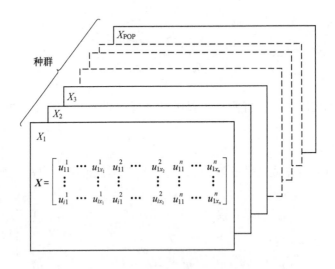

图 4-9   种群示意图

例如，某部正在开展多任务作业，每一个任务的机群配置相同，均为推土机、挖掘机、装载机各 1 台。如矩阵 $\boldsymbol{X}$ 所示；其中任务 2 已完成，将任务 2 的各类工程机械任意调度到任务 1、任务 3，其矩阵粒子编码如 X_1 所示。

$$\boldsymbol{X} = \begin{bmatrix} 1 & 0 & 0 & 1 & 0 & 0 & 1 & 0 & 0 \\ 0 & 1 & 0 & 0 & 1 & 0 & 0 & 1 & 0 \\ 0 & 0 & 1 & 0 & 0 & 1 & 0 & 0 & 1 \end{bmatrix}$$

$$X_1 = \begin{bmatrix} 0 & 1 & 0 & 0 & 0 & 0 & 0 & 0 & 0 \\ 0 & -1 & 0 & 0 & -1 & 0 & 0 & -1 & 0 \\ 0 & 0 & 0 & 0 & 1 & 0 & 0 & 1 & 1 \end{bmatrix}$$

这种编码方式的优点是可以直观地将机群各任务各机型的动态调度情况表示出来，其具体调度方案为：调任务 2 的 1 台推土机给任务 1；调任务 2 的 1 台挖掘机、装载机调度给任务 3。

B　粒子的适应值

粒子的适应值主要由目标函数决定，面向工程机械故障的工程机械机群动态调度是以最短时间为优化目标，其粒子的适应值是指任务完成的最短时间，也就是工程机械动态调度最优方案确定后，完成任务所需要的时间。

C　粒子位置的更新方式

粒子位置矩阵在更新时应满足下列条件

$$U_{ij} \in (-1, 0, 1) \tag{4-18}$$

式中，j 代表工程机械机群的工程机械数量；i 代表工程机械所接收到的任务数。在粒子的位置更新时，必须给每一个工程机械赋值，0 代表工程机械 U_{ij} 不参与调度；1 代表任务 i 调入工程机械 U_{ij}；−1 代表将工程机械从任务 i 调出。

传统的离散粒子群算法中的粒子在其位置更新时，粒子具有不稳定性，其粒子的个数存在发生变化的可能，列和行都会出现全是 0 或全是 1 的现象，因此需要对离散粒子群算法进行改进。如文献中的一个新公式：

$$X_i^{K+1} = F_3(gBest^k \otimes F_2(pBest_i^k \otimes F_1(X_i^k, \phi), \theta), \varphi) \tag{4-19}$$

式中，X_i^k 代表粒子位置；$pBest_i^k$ 代表粒子全局极值；F_1 为速度部分；F_2、F_3 为粒子向全局最优值 gBest 进行学习操作；ϕ、θ、φ 为不确定参数。

由本节设计的粒子的编码方式可知，工程机械的调度方案由位置矩阵各行 1、−1 的数量决定，1 代表调入，−1 代表调出。例如现在某工程机械机群同时执行 3 个任务点的任务，每个任务点均有挖掘机、装载机、推土机各一辆，则工程机械的总数量为 9 辆，其粒子的位置矩阵表示为 X_1。其中第一行代表任务 1，第二行代表任务 2，第三行代表任务 3。

$$X_1 = \begin{bmatrix} 1 & 0 & 0 & 1 & 0 & 0 & 1 & 0 & 0 \\ 0 & 1 & 0 & 0 & 1 & 0 & 0 & 1 & 0 \\ 0 & 0 & 1 & 0 & 0 & 1 & 0 & 0 & 1 \end{bmatrix}$$

现在任务 2 提前完成，为提高整体的工程进度，现将任务 2 的工程机械调度给任务 1 和任务 3。则粒子的调度矩阵可为 X_1、X_2，X_1、X_2 为众多调度矩阵中的两个。

$$X_2 = \begin{bmatrix} 0 & 1 & 0 & 0 & 0 & 0 & 0 & 0 & 0 \\ 0 & 0 & 0 & 0 & 0 & 0 & 0 & 0 & 0 \\ 0 & 0 & 0 & 0 & 1 & 0 & 0 & 1 & 0 \end{bmatrix}$$

$$X_3 = \begin{bmatrix} 1 & 0 & 0 & 0 & 0 & 0 & 0 & 0 & 0 \\ 0 & 0 & 0 & 0 & 0 & 0 & 0 & 0 & 0 \\ 0 & 0 & 0 & 1 & 0 & 0 & 0 & 1 & 0 \end{bmatrix}$$

由上面 2 个调度矩阵 X_1、X_2 比对可知，矩阵 X_1、X_2 的具体形式不同，代表的调度方案是一样的，即将任务 2 挖掘机调度任务 1，推土机和装载机调给任务 3。在粒子的调度矩阵在进行迭代时，可以对算法进行改进。如果新的调度矩阵各行的和一样，即各类工程机械的调度矩阵没有变化，则不计算适应值，直接返回上一步，得出新的调度矩阵，这样做的好处是可以加快收敛速度。算法流程图如图4-10所示。

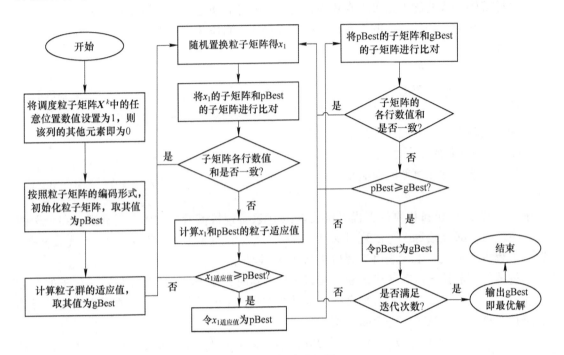

图 4-10 算法流程图

4.2.2.3 案例分析

某部接到上级命令，要求4.3h内完成3条道路的工程任务，任务1和任务2为构筑道路，任务3为抢修道路。

接到命令后，通过工程测量，得到各任务工程量。任务1距离任务2和任务3分别为10km和7.5km，任务2和任务3距离5km。工程机械的行驶速度为30km/h。各任务工程量见表4-3。

表 4-3 各任务工程量 （m³）

任务	任务1	任务2	任务3
工程量	6640	7530	7330

通过工程机械机群优化配置系统确定各任务点某型推土机、某型挖掘机和某型装载机的配置。机群配置方案见表4-4。

表 4-4 机群配置方案 （台）

装备类型	任务1	任务2	任务3
推土机	4	4	2

装备类型	任务 1	任务 2	任务 3
挖掘机	2	2	3
装载机	1	2	3

各型工程机械的作业效率见表 4-5。

表 4-5 各工程机械作业率 （m³/h）

类型	推土机	挖掘机	装载机
效率	260	225	220

各任务预计完成时间见表 4-6。

表 4-6 各任务完成时间 （h）

任务	任务 1	任务 2	任务 3
时间	4.02	4.12	4.02

在开展任务 1h 后，任务 1 中 1 台推土机和 1 台挖掘机因故障无法继续工作，此时，仅用完好的工程机械继续执行任务，任务 1 的完成时间延期至 5h，超过任务完成规定时间。为使任务到达既定目标，某部依据实时调度信息开展机群动态调度。

基于本章建立的面向机械故障的工程机械机群动态调度模型，以最短时间为目标，用改进后的离散粒子群算法求解，用 Matlab 编程计算。可得调度矩阵如图 4-11 所示。

图 4-11 调度矩阵

图 4-11 中，B 代表推土机、E 代表挖掘机、M 代表装载机。由图 4-11 可知推土机的调度数量为任务 1 调入 1 台，任务 2 调出 1 台；挖掘机不参与调度；装载机的调度数量为

任务 1 调入 1 台，任务 3 调出 1 台。

模型在求解时的过程如图 4-12 所示。

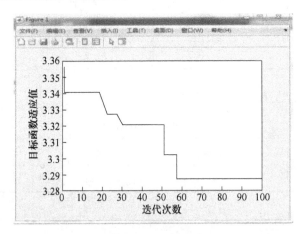

图 4-12 求解过程

由图 4-12 可知，算法迭代 58 次后，函数达到最优值 3.28。即机群在调度开始后，所有任务还需时间 3.28h 才能全部完成。

完成任务最短时间如图 4-13 所示。

如图 4-13 所示，机群在调度开始后，还需继续工作 3.28h，即可完成全部任务。故全部任务完成总时间为 4.28h。

调度方案如图 4-14 所示。

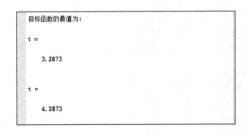

图 4-13 完成时间

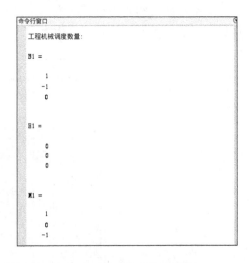

图 4-14 工程机械调度数量

由图 4-14 可以看出，工程机械的调度数量为将任务 2 的 1 台推土机调度至任务 1；将任务 3 的 1 台装载机调度至任务 1。

工程机械在开展构筑和抢修道路、修建掩体的数学模型见式（4-20）。可计算出调度装备在各任务的工作时间。

$$t = \frac{Q_1}{K\sum_{n=1}^{n_1}T^nS^n + K\sum_{n=1}^{n_1}Z^nS^n + K\sum_{n=1}^{n_1}W^nS^n} + \frac{Q_2}{K\sum_{n=1}^{n_1}T^nS^n} \tag{4-20}$$

式中，K 为环境因子；Q_1 为工程量；T 为推土机；Z 为装载机；W 为挖掘机；S 为工作效率；Q_2 为路面平整工程量，本节中要求路面可以通车即可，无需平整，故 Q_2 为 0。

故可计算得机群的工程机械在按照调度方案调度完成后，任务 1 完成时间为 4.28h，任务 2 完成时间为 4.25h，任务 3 完成时间为 4.22h，均在上级规定的时间内完成。调度方案见表 4-7。

表 4-7　机群调度方案

装备来源	装备类型	调度数量/台	调度次数/次	任务 1 工作时间/h	任务 2 工作时间/h	任务 3 工作时间/h
任务 2	推土机	1	2	2.03	0.66	0
任务 3	装载机	1	1	2.03	0	1.05

从表 4-7 可以看出，任务 1 要按时完成，需调度任务 2 的 1 台推土机至任务 1 作业 2.03h，调度次数为 2 次；调度任务 3 的装载机 1 台至任务 1 作业 2.03h，调度次数为 1 次。同时为保证原任务按时完成，调度的工程机械需分别在原任务作业 0.66h 和 1.05h。

机群动态调度图如图 4-15 所示。

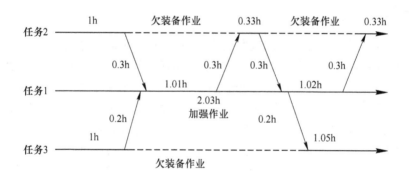

图 4-15　机群调度示意图

从图 4-15 可以看出，任务 1 要在不影响其他任务的完成情况下按时完成，机群需要在作业 1h 后开始调度，其中任务 2 的推土机 0.3h 后到达任务 1，作业 1.01h 返回原任务并作业 0.33h，然后再次到达任务 1 作业 1.02h，最后返回原任务继续作业 0.33h；任务 3 的装载机 0.2h 后到达任务 1 作业 2.03h 后返回，在原任务继续作业 1.05h。

各任务完成时间见表 4-8。

表 4-8　各任务完成时间　　　　　　　　　　　　　　　　　　　　（h）

任务	调度前时间	调度后时间	规定时间
任务 1	5	4.28	4.3

任务	调度前时间	调度后时间	规定时间
任务 2	4.12	4.25	4.3
任务 3	4.09	4.22	4.3

从表 4-8 可以看出，机群开展动态调度结束后，任务 1 到任务 3 的完成时间分别为 4.28h、4.25h、4.22h，均在规定时间完成。

4.2.3　面向任务时限提前的工程机械机群动态调度

工程机械机群在科学配置的基础上在开展多任务作业时，受多种不确定因素影响，除发生工程机械故障外，还存在某一任务可能会面临完成时限提前的情况。针对这一问题，须依据实时调度信息开展机群动态调度，将其他机群的工程机械调度到该任务协助作业，使得该任务在指定时间内完成。本节在分析面向任务时限提前的工程机械机群动态调度问题的基础上，基于时空网络建立了面向任务时限提前的工程机械机群动态调度模型，以指定时间为决策目标，用遗传算法求解机群动态调度模型。

4.3　基于时空网络建立动态调度模型

4.3.1　问题描述

面向任务时限提前的工程机械机群动态调度问题可以简化看成网约车的动态调度问题，如某一地点顾客数量增多，需提前调度其他地区的网约车的动态从而调度到该地域支援，以追求利益最大化。其二者的原理虽有相似之处，但两者的优化目标不同，车辆动态调度的优化目标绝大多数情况下是成本最低，效益最高。但面向任务时限提前的工程机械机群动态调度在工程实际中其最主要的优化目标是上级指定时间内完成。再加上战时突发情况的不确定性，故比车辆动态调度问题复杂得多。车辆调度问题最早是 Denting 和 Ramser 在 1959 年提出的，由于该问题在城市交通和工程抢险领域有着重要的研究价值，自该问题提出就一直是热点问题。两者虽然在优化目标和调度环境上有本质区别，但车辆开展动态调度的建模方法和求解算法可以借鉴使用。研究机群动态调度问题的目的是在满足一定的条件下，在面对任务时限提前的突发情况时，机群可以科学、迅速地调度工程装备，如迅速得出调度路线、调度方案和任务完成最终时间等。

在工程实际中，机群开展作业后，工程机械机群在执行任务的过程中因突发情况导致某一任务需要提前完成，这一情况的出现要求任务执行过程中必须临时从其他任务调度工程机械来增援该任务，即开展任务间的交叉调度。为不影响其他任务的完成，故本次机群调度的优先选择对象是其他任务中的空闲装备（见图 4-16）。任务 1 到任务 n 在前期机群配置的基础上开展作业，当任务 n 存在空闲装备时，将其调度至不存在空闲装备的任务上，当任务 n 即将饱和作业时，调度的装备应该在饱和作业前返回，避免出现任务 n 延时完成的情况。

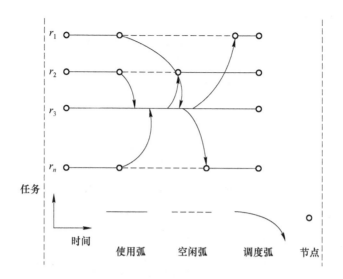

图 4-16 动态调度问题描述实例图

综上所述，面向任务时限提前的工程机械机群的动态调度方案，由于其工作性质的特殊性，其优化的目标是在不影响其他任务完成的情况下，在指定时间内完成，将各任务点的工程机械充分地调动起来。为简化模型做以下假设。

（1）调度的工程机械到达施工现场后可第一时间开展作业。

（2）工程机械机群的燃料及资源等充足，在各任务抢修完成前，并不需要返回驻地进行维修资源的补给。

（3）工程装备是机群完成任务的工具。其基本属性为车载量、车型、装备数量、行驶速度等为已知。车载量主要指的是各台运输车辆的容量；车型是指单车型或多车型（如不同型号的工程装备其作业效率不同）；装备数量指的是各类工程装备的数量和总的工程装备的数量；行驶速度是指工程机械在转移途中的速度。同时工程机械的施工效率不因工程机械的增多而变化。

（4）一般情况下，机群工程机械型号是不相同的，不同型号机械的工作效率、转运速度也会存在偏差，为了简化问题的复杂程度，故不考虑机型的问题。

（5）在已知机群配置和各任务工程量的情况下，基于动态规划法可得出各任务工程机械的空闲时间。

（6）紧急时期道路为军车优先使用或专用。行驶速度为30km/h，不受车流量的影响，因此各路段的行驶时间可认为已知。

（7）机群所面临的任务同等重要，任务之间无先后次序。

（8）驻地主要由两部分组成，分别是指挥部和停车场，它的功能类似现在物流调度中心或仓库，也是工程机械机群的出发点或结束点，主要负责布置任务、工程装备的维护保养和补给等。

（9）机群受领的任务统一由上级部门下达，其基本属性主要包括地点、任务量、完成时间等。

（10）信息采集主要由信息采集终端完成，将与调度相关的信息第一时间反馈，是科学开展机群动态调度的重要依据。

（11）目标函数由机群所遇到的突发情况决定，不同情况导致目标函数不同。如任务时限提前，其目标函数为机群在指定时间内完成任务。

（12）参与调度的装备只从机群之间开展调度，不考虑从驻地调度后备机群。

4.3.2　模型构建

通过分析面向任务时限提前的工程机械机群的动态调度问题可知，要解决这一问题，核心问题是要实时了解各个任务点工程机械的使用情况，在动态调度模型的基础上，将任务点的实时空闲装备这一因素考虑进去，建立数学模型。因此，基于对机群动态调度问题的定义及模型假设，本节采用时空网络建模方法构建面向任务时限提前的工程机械机群动态调度模型。

4.3.2.1　参数定义

为方便后续研究，对模型的参数、变量进行介绍。各参数及变量见表 4-9 和表 4-10。

表 4-9　机群动态调度参数

参数	描述
u	机群中工程机械的数量
u_i^k	第 i 个任务中第 k 种工程机械的数量
u_{ix}	第 i 个任务中工程机械的空闲装备数量
t_g	各任务未发生突发情况前的完成时间
T_i	各任务 i 的指定时间

表 4-10　机群动态调度变量

变量	描述
u_{iht}^k	T 时刻第 i 个任务中第 k 种工程机械调度弧上工程机械的数量
u_{ii}^k	调度结束后各任务第 k 种工程机械的数量
t_i	任务 i 完成任务的时间
u_{ix}^k	第 i 个任务中第 k 种工程机械的空闲装备数量

表 4-9 和表 4-10 中 $u \in N^+$，u^1 代表推土机、u^2 代表挖掘机、u^3 代表装载机等。

4.3.2.2　建立模型

本节以工程机械机群在指定时间内完成任务为决策目标，考虑机械数量约束、机械调度数量约束和任务完成时间约束，制定机群调度策略。基于时空网络建立机群动态调度数学模型。

面向任务时限提前的工程机械机群的动态调度模型的目标函数为

$$t = t_i \tag{4-21}$$

约束条件为：

（1）机械数量约束条件：

1）在机群的调度中，T 时刻任务 i 的调度弧上的第 n 种工程机械的数量小于等于任务 i 的第 n 种工程机械的空闲机械数量。其约束条件如下：

$$u_{iht}^n \leqslant u_{ix}^n \tag{4-22}$$

2）机群调度结束后，机群工程机械的总数之和应不变。其约束条件如下：

$$\sum_{i=1}^{i=n} \sum_{k=1}^{k=n} u_{it}^k = u \tag{4-23}$$

（2）时间约束：

1）在机群动态调度完成后，参与机群动态调度的任务完成时间不受机群动态调度的影响

$$\max(t_1, t_2, \cdots, t_n) \leqslant t_g \tag{4-24}$$

2）任务 i 应在指定时间内完成。

$$t_i \leqslant T_i \tag{4-25}$$

综上，面向任务时间提前的工程机械机群动态调度模型为

$$t = t_i$$

$$\text{s. t} \begin{cases} u_{iht}^n \leqslant u_{ix}^n \\ \sum_{i=1}^{i=n} \sum_{k=1}^{k=n} u_{it}^k = u \\ \max(t_1, t_2, \cdots, t_n) \leqslant t_g \\ t_i \leqslant T_i \end{cases} \tag{4-26}$$

式中，s. t 为受限于 n 个不等式约束条件。

4.3.3 基于遗传算法求解动态调度模型

面向任务时限提前的工程机械机群动态调度问题是一个将空闲的工程机械如何调度和调度几次的组合优化问题，是在机群科学配置的基础上开展的。在之前研究的基础上，本节基于遗传算法求解面向任务时限提前的工程机械机群动态调度模型的主要原因是模型的决策目标为机群在指定时间将任务完成。模型的决策目标决定了该模型的求解过程不是优中选优的过程，而是点到为止的过程，即只要达到任务指定的完成时间即可。它需要解可以迅速地跳出现有范围，而遗传算法是解决这一问题的最佳算法，主要通过交叉、变异等过程使算法更容易出现收敛[6]。

4.3.3.1 算法原理

遗传算法是一种启发式算法，算法灵感来源于自然界中"物竞天择、适者生存"的法则，生物要想生存下去，无论是个体还是种群都必须不断地进化，进化的方式是子辈学习父辈，学习的过程是取其精华、去其糟粕，将上一辈好的方面学习继承下来的同时，它们自己也会面对环境不断地发展进步，从而不断促进整个种群的进步和发展，使得种群始终能够适应环境的变迁，不被自然界所淘汰。研究人员将这一理论运用于计算机的算法中，从而形成了遗传算法。在遗传算法中一个解相当于自然界中的个体，无数个解组成的集合，相当于生物的种群，寻找最优解的过程相当于种群的不断进化，寻找最优解的方式主

要模拟自然界中的基因突变，主要通过交叉运算和变异运算来不断加快种群的进化速度，即收敛速度。模拟基因染色体设计行数为一的矩阵来作为解的具体形式。先随意选择一个解作为初始解，求其适应值，然后，对解进行交叉、变异运算，形成下一代，得出其适应值后与前者比较，优者留下，周而复始，直至到达进化条件，得出最优解。

在遗传算法中解可以用行数为一的矩阵表示，矩阵中的每一列对应一个基因。将许许多多的行数为一的矩阵汇聚在一起，便组成算法解的集合。对每个矩阵进行选择运算、交叉运算和变异运算等。从中选取出算法的最优解。算法的基本运算过程如图 4-17 所示。

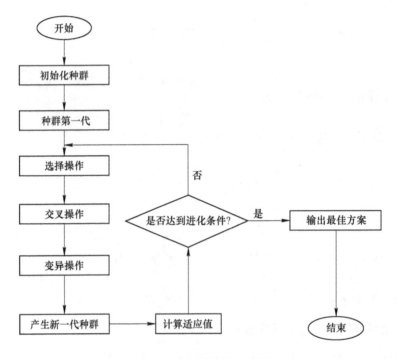

图 4-17　遗传算法流程图

由图 4-17 可以看出，遗传算法在求解的过程中具体步骤如下。

步骤 1：在所有解的集合中，即种群中随机选取第一代解，同时计算其适应值。

步骤 2：对第一代解开展选择、交叉、变异等操作，产生新一代解，计算其适应值。

步骤 3：对父子两代间的适应值进行比较，择优者留下。

步骤 4：循环步骤 2 和步骤 3，直至到达进化条件。

综上所述，遗传算法具有以下几个优点：

（1）遗传算法在运算的过程中，它不是直接作用于适应值本身，它是通过处理解来改变适应值，在处理的过程中由于交叉和变异运算，遗传算法非常容易突破现有的局部最优解，从而达到进化条件，大大减少了运算时间，提高了运算效率。

（2）遗传算法可以直接以决策目标为优化对象，所以可以把搜索范围收缩到适应度较高的空间，大大提高运算速度。

（3）遗传算法的基本思想原理简单，易于理解，便于操作使用。

（4）遗传算法是多点出发搜索最优解，而非单点出发，这样的最大优势是可以快速地跳出局部最优解，从而到达全局最优解。使得算法的收敛速度大大提高。

这4个优点决定了遗传算法在解决面向任务时限提前的工程机械机群动态调度模型时，可以快速地跳出局部最优解，到达目标函数的进化条件。因此，遗传算法求解这一模型具有非常大的优势。

4.3.3.2 算法设计

A 染色体的编码设计

当情况发生后，将完成时限提前的任务放入待优化任务集合 σ 中，设每个任务提前后的完成时限为 T_i，对于未进入集合 σ 的任务，设它们空闲的工程机械数量为 n，将其组成行数为1列数为 n 的矩阵，则每列中的元素代表一个空闲装备。空闲装备存在两种状态，调度和不调度，其等于1则说明该空闲装备调度，反之不调度。如 $z = [1010]$，则表示有4台空闲装备。代号为1、3，空闲装备参与调度，代号为2、4，装备不参与调度。

B 染色体的适应值

染色体适应值由目标函数决定，当机群的调度问题以待优化任务在指定时间完成为目标时，则染色体适应值为根据染色体当前代表的机群调度方案得到的任务完成时间。

C 染色体的更新方式

a 选择运算

用适应度比列选择法，把优良个体选择出来传到下一代。选择的概率为

$$p_i = \frac{F(i)}{\sum_{i=1}^{J} F(i)} \tag{4-27}$$

式中，$F(i)$ 为适应值；J 为种群规模。

b 交叉运算

为解决传统的交叉方法存在的缺陷，对传统方法进行进一步的改进，具体方法如下：

（1）将 R_1、R_2 除了起点和终点之外的其他共同基因作为潜在的交叉基因，并将这些基因组成集合 R；

（2）将 R 中节点前后信息不一致的任意一个基因作为交叉点；

（3）新的染色体产生后，查看染色体上基因是否存在相同，若无，运算结束；若有，将染色体上相同的基因删除其一。

具体实例如图 4-18 所示。

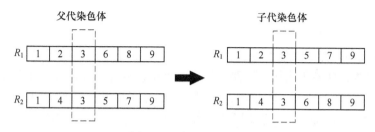

图 4-18　交叉操作实例

c 变异运算

变异运算是丰富种群多样性的重要运算，它的灵感来源于生物界的基因变异。其具体操作如下：

（1）删除基因：

步骤 1：在 R_1 中选择变异基因；

步骤 2：将选中染色体上的基因删除；

步骤 3：根据最新的染色体得出适应值，判断其是否优于 R_1 的适应度值，若优于 R_1，则进入下一步；反之，用其他变异运算，以增加染色体的多样性。

具体实例如图 4-19 所示。

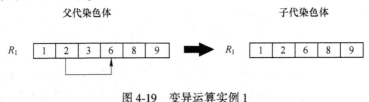

图 4-19　变异运算实例 1

（2）基因变异：

步骤 1：从上一代个体 R_1 根据变异概率 p 选择染色体的变异基因；

步骤 2：从选择好的变异基因处将原有的染色体截断；

步骤 3：截断后的染色体变成两个新染色体，将其进行比较；

步骤 4：两个新染色体不存在相同点，将前后两代染色体进行比较，如果比上一代染色体好，则替代其进入下一代种群。反之，则再次进行基因变异。

步骤 5：两个新染色体存在相同点，将两个新染色体重新连接。形成新一代染色体，将染色体与上一代染色体的值进行比较，如果比其好，则该染色体替代上一代染色体进入下一代种群。反之则再次进行基因变异。

具体实例如图 4-20 所示。

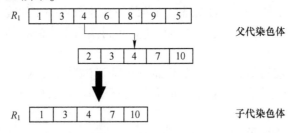

图 4-20　变异运算实例 2

4.3.3.3　案例分析

本小节以某部工程保障任务为例。某部接到上级 3 条道路的工程保障任务，要求各任务在 4.5h 内完成，任务 1 为构筑道路，任务 2 为修筑直升机停机坪，任务 3 为抢修道路。

某部接受任务后，通过工程侦察，得到了各任务工程量。任务 1 距离任务 2 为 10km，任务 2 距离任务 3 为 15km，任务 1 距离任务 3 为 7.5km。工程机械的行驶速度为 30km/h。各任务工程量见表 4-11。

表 4-11　各任务工程量　　　　　　　　　　（m³）

任务	任务 1	任务 2	任务 3
工程量	6840	7330	8148

通过工程机械机群优化配置系统确立了各任务点的某型推土机、某型挖掘机和某型装载机的机群配置。机群配置见表4-12。

表4-12 机群配置 （台）

装备	推土机	挖掘机	装载机
任务1	4	2	1
任务2	3	2	2
任务3	3	3	2

各工程机械的作业效率见表4-13。

表4-13 各任务工程机械理论作业率 （m^3/h）

装备	推土机	挖掘机	装载机
效率	260	225	220

各任务完成时间见表4-14。

表4-14 各任务完成时间 （h）

任务	任务1	任务2	任务3
时间	4	4.38	4.3

某部在作业1h后，接到命令，将任务2提前30min完成，同时其他任务按时完成，故需要对机群开展动态调度，调度的对象为任务1和任务3的装备。

基于本章建立的面向任务时限提前的工程机械机群动态调度模型，以指定时间为决策目标，用遗传算法求解，用Matlab编程计算，可得调度矩阵，如图4-21所示。

```
1×13 logical 数组

列 1 至 11

0  1  1  1  1  1  0  0  1  1  1

列 12 至 13

0  0

需工作时间:

t =

   0.7900
```

图4-21 调度矩阵

由图4-21可知，机群的调度矩阵为［0 1 1 1 1 1 0 0 1 1 1 0 0］，矩阵中13个因子代表参与机群动态调度的工程机械数量为 13 台，前 5 个因子代表推土机，中间 6 个因子代表挖掘机，后 2 个因子代表装载机。故由调度矩阵可知参与调度的工程机械数量为推土机 4 台，挖掘机 4 台。参与调度的工程机械需在任务 2 作业 0.79h。

模型求解的优化过程如图 4-22 所示。

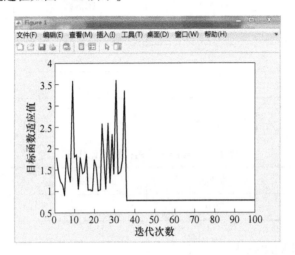

图 4-22 模型求解优化过程

由图 4-22 可知，当用遗传算法求解面向任务时限提前的问题时，它并不是一个不断优化的过程，在算法中只要到达上级规定的任务完成时间，即可得出结论。这是与粒子群算法求解的最大的不同，其优点是不断跳出局部最优解，快速达到进化条件，从而得出调度方案。算法在循环 36 次左右，达到优化条件。需参与调度的工程机械在任务 2 作业 0.79h 后，任务 2 可在指定时间完成。

由调度矩阵可知需调度推土机 4 台次、挖掘机 4 台次，工作时间为 0.79h。由式 (4-20) 可计算出调度工程机械在原任务的工作时间。具体调度方案见表 4-15。

表 4-15 调度方案

工程机械来源	工程机械类型	调度数量	调度次数	任务 1 工作时间	任务 2 工作时间	任务 3 工作时间
任务 1	推土机	1	1	1.6	1.6	0
	挖掘机	1	1	1.6	1.6	0
任务 3	推土机	1	1	0	1.6	1.3
	挖掘机	1	1	0	1.6	1.3

从表 4-15 可以看出，任务 2 要提前 30min 完成，需调度任务 1 的推土机和挖掘机各 1 台至任务 2 连续作业 1.6h；调度任务 3 的推土机和挖掘机各 1 台至任务 2 连续作业 1.6h。同时为保证原任务按时完成，参与调度的工程机械需分别在原任务连续作业 1.6h 和 1.3h。

机群调度动态图如图 4-23 所示。

从图 4-23 可以看出，任务 2 要在不影响其他任务完成的情况下提前 30min 完成，机群

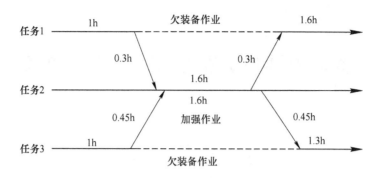

图 4-23　机群动态调度图

需要在作业 1h 后开始调度，其中任务 1 参与调度的工程机械 0.3h 后到达任务 2，连续作业 1.6h 后返回原任务，并在原任务继续作业 1.6h；任务 3 参与调度的工程机械 0.45h 后到达任务 2，连续作业 1.6h 后返回原任务，并在原任务继续作业 1.3h。

机群动态调度后各任务完成时间见表 4-16。

表 4-16　各任务完成时间　　　　　　　　　　　　　　　（h）

任务	调度前时间	调度后时间	规定时间
任务 1	4	4.45	4.5
任务 2	4.38	3.97	4
任务 3	4.3	4.49	4.5

从表 4-16 可以看出，机群开展动态调度结束后，任务 1 到任务 3 完成时间分别为 4.45h、3.97h、4.49h，均在规定时间完成。

参 考 文 献

[1] 于瑞云，林福郁，高宁蔚，等．基于可变形卷积时空网络的乘车需求预测模型 [J]．软件学报，2021，32 (12)：3839-3851.

[2] 秦进，谭宇超，张威，等．基于时空网络的城际高速铁路列车开行方案优化方法 [J]．铁道学报，2020，42 (2)：1-10.

[3] 何胜学．公交车辆调度的超级时空网络模型及改进和声搜索算法 [J]．计算机应用研究，2021，38 (10)：3078-3084.

[4] PARENTE M，CORTEZ P，CORREIA A G. An evolutionary multi-objective optimization system for earthworks [M]．Oxford：Pergamon Press，Inc.，2015.

[5] 魏子秋，熊英翔．基于改进遗传算法的连锁便利店配送路径优化研究 [J]．物流科技，2022，45 (4)：33-36.

[6] 杨姣，杨旭东，李露莎，等．基于遗传模拟退火算法的堆垛机路径优化 [J]．物流技术，2022，41 (8)：119-123，148.

5　工程机械机群智能化运用与决策系统

5.1　系 统 概 述

工程机械机群智能化运用与决策系统能够根据工程机械担负构筑直升机起降场等5类工程任务，通过调用装备数据库，提出满足任务完成时间-质量-成本的多目标优化的机群配置方案，最后生成方案文书。

系统主要包含注册登录模块、任务下达模块、任务配置模块、任务调度模块、历史任务模块、装备信息模块、用户管理模块及信息采集终端，其中信息采集终端主要包含采集模块、显示模块及采集系统软件。系统整体功能结构如图5-1所示。

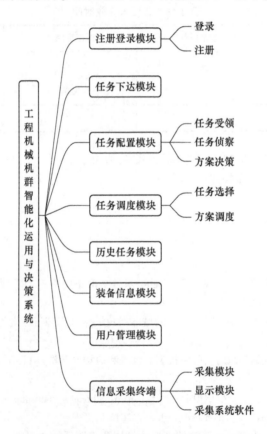

图5-1　系统整体功能结构图

注册登录模块主要实现用户的注册及使用软件时的登录操作。

任务下达模块主要实现机关等上级单位进行任务的下达功能。

任务配置模块主要实现基层单位接收相关的任务，并对任务进行侦察分析，选择任务决策目标，并通过模型算法生成最优方案。

任务调度模块主要实现根据任务完成的实际进度、任务目标的临时调整等特殊情况对已生成方案的相关参数进行二次调度，形成新执行方案。

历史任务模块主要实现系统中已完成、已终止任务的记录统计及查询展示等。

装备信息模块主要实现相关装备信息的数据存储及查询展示等。

用户管理模块主要实现对不同用户信息的管理功能。

信息采集终端由采集模块、显示模块、采集系统等组成。主要用采集和记录相关任务所需的侦察数据，以及获取任务的作业信息。

采集模块主要由采集主机、采集天线、采集接口线束等组成，主要应用于工程车辆、工程机械、运输车辆等外出作业时信息的采集及管理领域。

显示模块主要由显示主机、数据线、充电器等组成，显示主机内置 win10 操作系统，主要用作采集系统软件的安装及操作使用平台。

采集系统主要由登录验证模块、信息录入模块、历史轨迹模块等组成，采集系统软件的任务信息数据同步于"工程机械机群智能化运用与决策系统"中任务下达模块里的任务信息数据，并且操作人员可通过采集系统软件为"工程机械机群智能化运用与决策系统"中的任务配置模块提供相对应的任务侦察数据，以及为"工程机械机群智能化运用与决策系统"中的任务调度模块提供任务完成进度及情况说明等；其次是展示任务作业时的轨迹和耗时。采集系统软件安装于显示模块中。

5.2 系统软件的设计与实现

5.2.1 注册登录模块

5.2.1.1 页面设计

A 登录页面

用户进入本系统首先展示登录页面，根据需求设计该页面拥有登录、注册两个业务。登录页面由用户名输入框、密码输入框及用户类型选择框组成，顶部右上角有切换登录和注册的入口，如图 5-2 所示。

B 注册页面

通过点击右上角的"注册"按钮进入注册页面，该页面主要包括用户类型选择框、用户名输入框、密码输入框、姓名输入框、手机号输入框及职级输入框，顶部右上角有切换登录和注册的入口。注册页面如图 5-3 所示。

C 退出功能

在主页面中点击导航栏右上角的"注销登录"按钮，弹出提示框，点击"确认"按钮退出本系统，点击"取消"按钮关闭弹窗。如图 5-4 所示。

5.2.1.2 功能实现

A 用户登录功能实现

用户在登录页首先选择用户类型，再输入用户名和密码，最后点击"登录"按钮，系

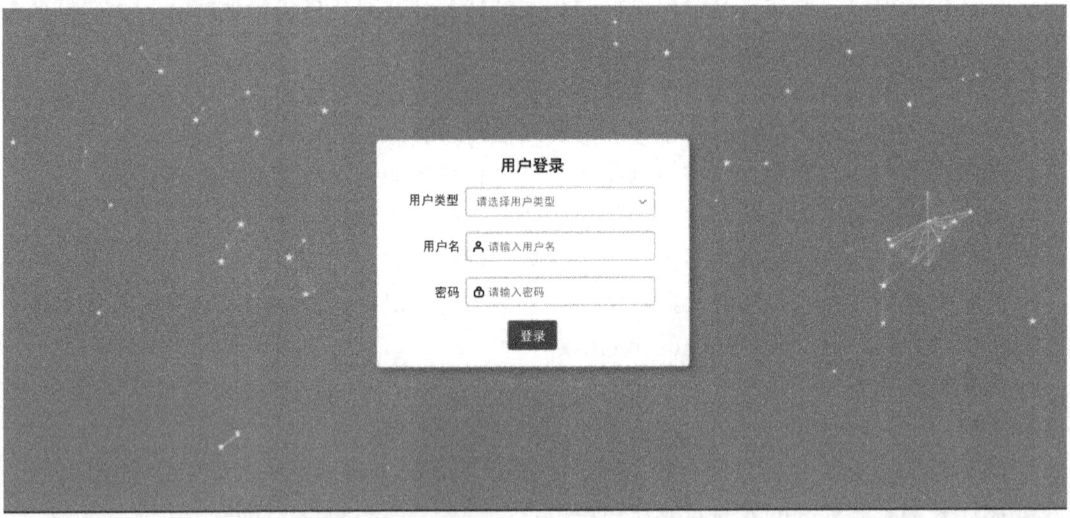

图 5-2 登录页面

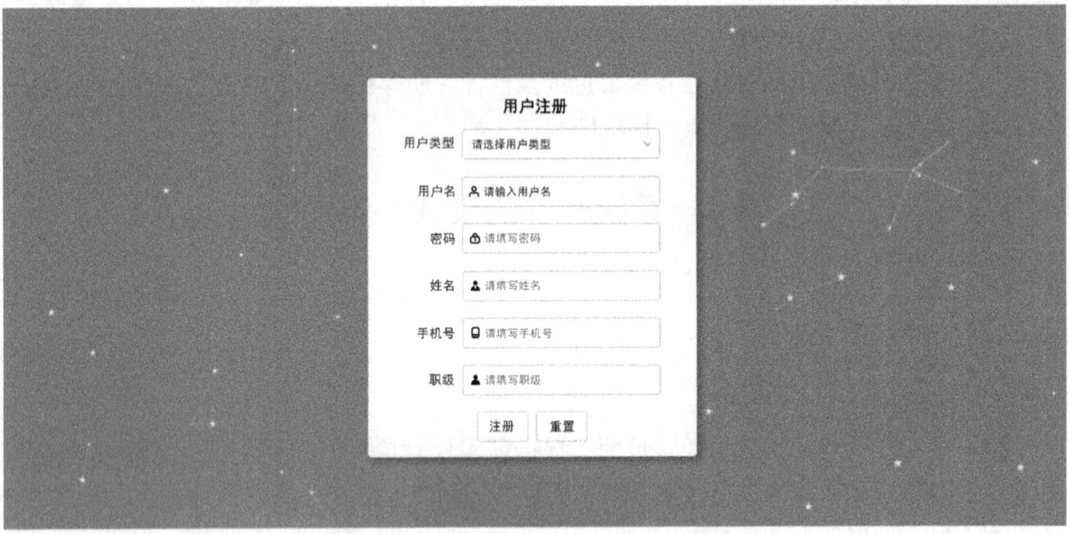

图 5-3 注册页面

统将验证用户输入的账号、密码及用户类型的正确性，验证通过进入系统并展示用户拥有操作权限的菜单页面，验证不通过则不进入系统并提示错误信息。

    B　用户注册功能实现

    用户点击导航栏右侧的"注册"按钮进入注册页面，用户首先选择用户类型（用户权限如管理员、机关或基层），再依次输入用户名、密码、姓名、手机号、职级，最后点击"注册"按钮，本系统先判断输入框是否非空，再通过调用系统相关的 API 进行数据查询以判断用户注册的信息是否存在，验证通过将数据写入系统数据库中，等待管理员审核用户注册的信息；验证不通过则提示错误信息。

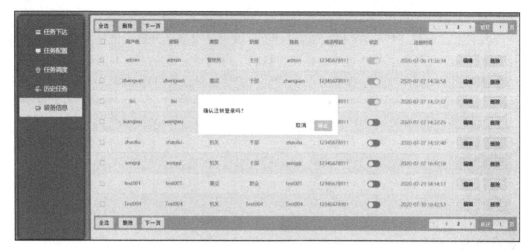

图 5-4　注销登录页面

C　用户实现退出功能

用户在系统主页中点击导航栏上的"注销登录"按钮进行退出操作。用户在弹出的"注销登录"弹窗中点击"确定"按钮退出系统主页跳转至登录页面，需再输入账户、密码才能进入，点击"取消"按钮关闭"注销登录"弹窗。

5.2.2　任务下达模块

5.2.2.1　页面设计

A　任务下达页面

任务下达页面里的最上一栏为操作按钮，分别为"全选""删除""下一页""新增任务"。任务下达页面中是显示任务数据的表单，表单的属性为任务名称、任务类型、任务代号、发文单位、承办单位、执行单位，以及在表单数据的末端有对任务可进行"编辑"的按钮。该模块的任务编辑功能只允许机关单位进行操作，而对于基层单位只有允许查看任务详情的功能。任务下达页面如图 5-5 所示。

图 5-5　任务下达页面

B 新增任务页面

用户点击"新增任务"按钮进入新增页面，填写基本信息、目标情况、首长决心、本级任务，任务分工及在其他中可添加备注信息。用户填写完任务的基本信息，系统将通过算法在任务分工一栏中生成一条任务分工信息。装备信息录入页面如图 5-6 和图 5-7 所示。

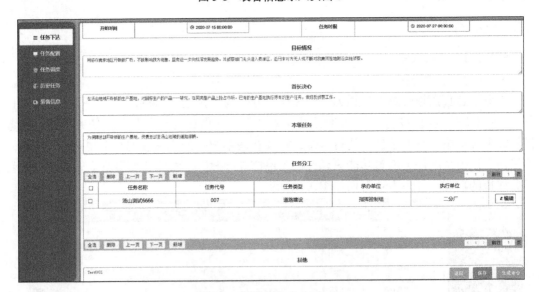

图 5-6 装备信息录入页面 1

图 5-7 装备信息录入页面 2

任务分工一栏，有"全选""删除""上一页""下一页""新增"操作，如图 5-8 所示。

图 5-8 任务分工

a 任务分工——新增

用户点击"新增"按钮弹出窗口，用户在窗口中填写需要任务分工的信息，其中包含任务名称、任务代号、任务类型、任务地点、开始时间、任务时限、承办单位、执行单位。任务信息填写完成，点击"确认"按钮即可生成新的一条任务分工信息；点击"取消"按钮取消此次新增任务分工事件。新增多个任务界面如图5-9所示。

图5-9 新增多个任务

b 任务分工——删除

用户在任务分工中，选中不需要的任务信息，点击"删除"按钮即可，如图5-10所示。

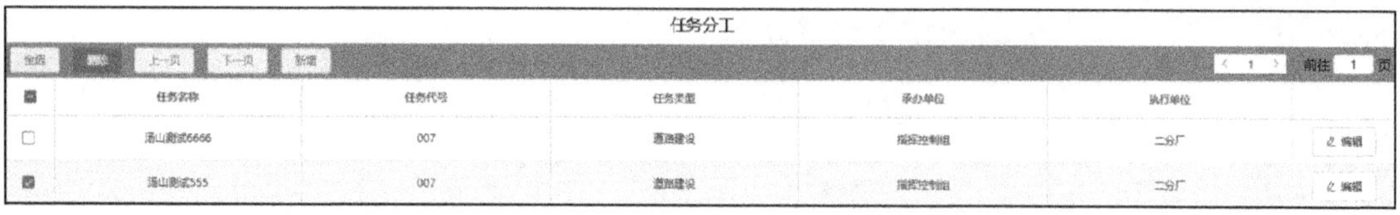

图5-10 删除任务分工中的任务

C 保存任务页面

用户填写完任务信息，点击页面的右下角的"保存"按钮进行任务信息的保存，此操作将会把此时填写完成的任务信息保存为模板。用户再次创建新的任务时，此次填写的任务信息将作为任务信息模板，以此来便捷用户创建新任务，如图5-11所示。

D 生成命令页面

用户填写完任务信息，点击页面中右下角的"生成命令"按钮，确认生成任务命令下发，如图5-12所示。

a PDF预览页面

用户点击"生成命令"按钮，跳转到生成PDF电子档文本前的预览页面，页面显示的信息为填写的任务信息，如图5-13所示。

b 生成PDF电子档文本页面

用户在生成的PDF电子档预览页面中可将页面数据下载至电脑中形成PDF电子档。用户点击页面中右下角的"生成文本"按钮，进行PDF文档下载，下载目录为浏览器默认的下载位置，此时任务已经完成下发，如图5-14～图5-16所示。

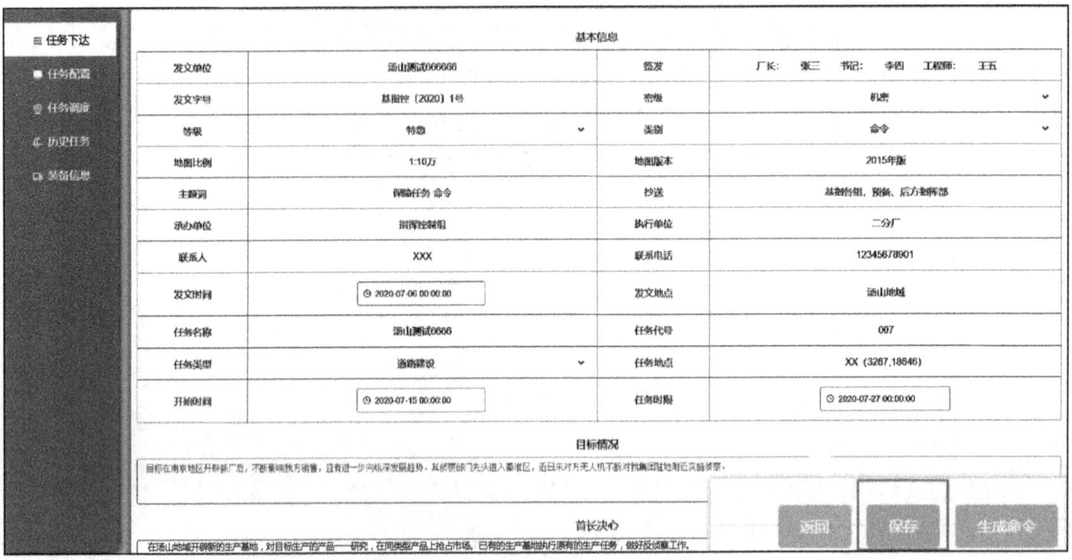

图 5-11 将新增任务信息保存模板

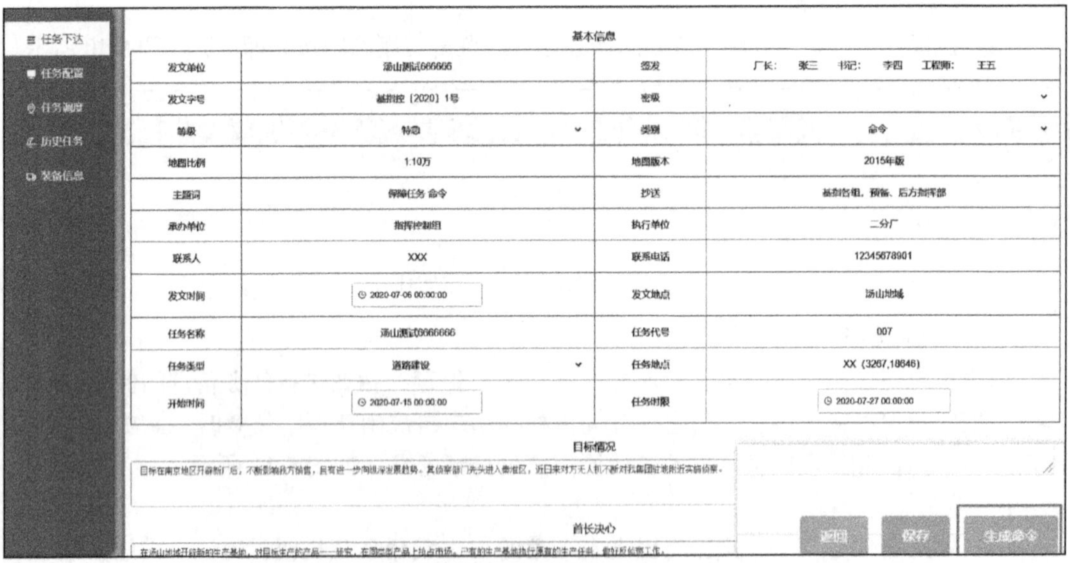

图 5-12 点击生成命令

E 任务添加完成页面

用户完成上诉新增任务步骤，新增的任务将添加到任务下达页面，如图 5-17 所示。

F 删除任务页面

用户可对多余的、不需要的任务信息，通过全选或单选的方式来选择需要删除的任务信息。用户选择需要删除的数据点击"删除"按钮，弹出提示框，选择"确认"或"取消"按钮来进行操作，如图 5-18 所示。

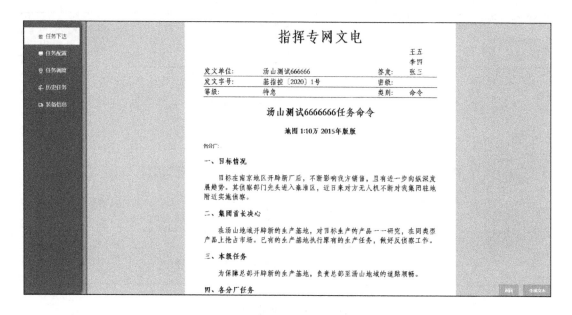

图 5-13 生成 PDF 电子档文本前预览页面

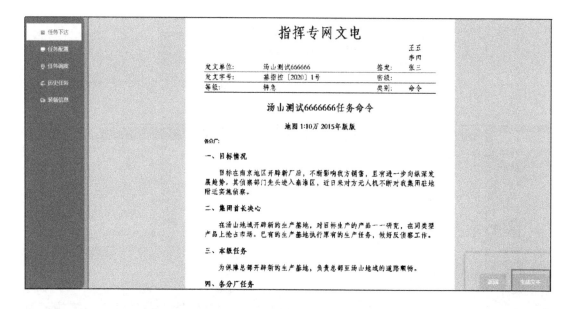

图 5-14 点击生成文本 PDF 文档页面

5.2.2.2 功能实现

A 用户实现新增任务功能

用户在任务下达页面中点击"新增任务"按钮进入新增任务页面，在新增页面填写完基础信息，点击右下角的"保存"按钮将此次填写的任务信息保存为模板。

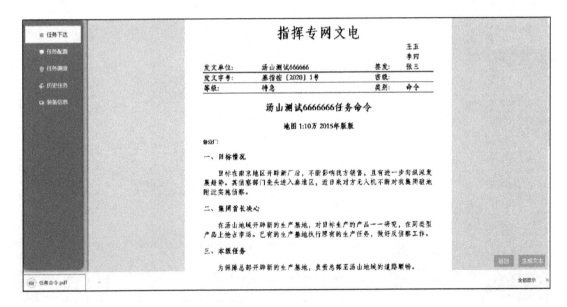

图 5-15　生成 PDF 电子档文本

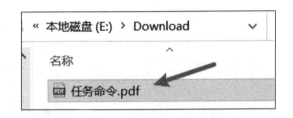

图 5-16　在本地文件夹中的 PDF 文档

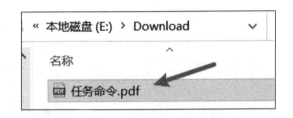

图 5-17　任务添加完成页面

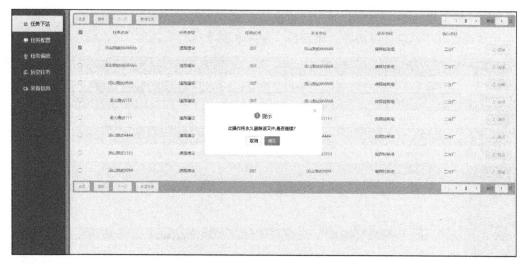

图 5-18 删除任务页面

B 用户实现任务下达功能

用户在新增任务信息页面中填写完新增信息，接着点击右下角"生成命令"按钮进入生成的 PDF 电子文档预览页面，最后点击右下角"生成文本"即可将此 PDF 电子文档下载到浏览器默认的下载位置。

C 用户实现任务的编辑及删除功能

用户在任务下达页面中可进行任务信息的删除和修改两个功能，若要删除任务信息，先选择不需要的任务信息，再点击"删除"按钮来进行删除操作；若要修改任务信息，用户在任务下达页面，先选择需要修改的任务信息，再点击任务信息末端的"编辑"按钮，进行任务信息的修改。

5.2.3 任务配置模块

5.2.3.1 页面设计

在任务配置页面中，有任务受领、任务侦察、方案决策功能，如图 5-19 所示。

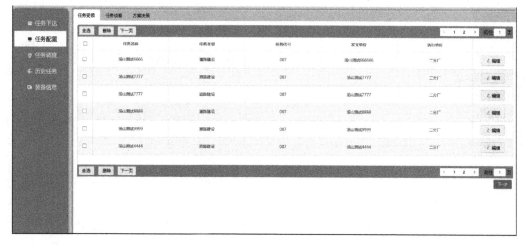

图 5-19 任务配置页面

A 任务受领页面

用户可以对下达的任务进行受领操作，如图5-20所示。

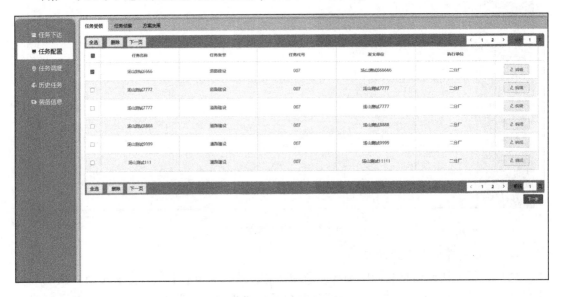

图 5-20 任务受领页面

B 任务侦察页面

用户先选择接收的任务，再点击界面右下角的"下一步"按钮来到任务侦察页面，进行任务侦察信息的添加，如图5-21所示。

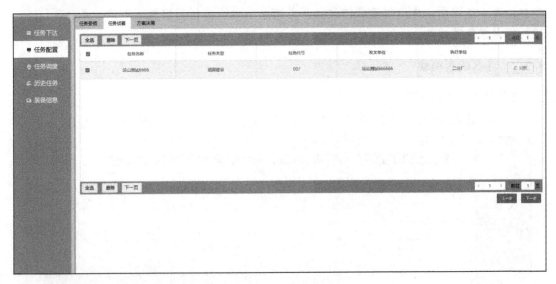

图 5-21 任务侦察页面

a 任务侦察信息页面

用户点击任务侦察界面中的"侦察"按钮，进入任务侦察信息页面，如图5-22所示。

图 5-22　任务侦察信息页面

b　任务侦察信息添加侦察页面

用户在任务侦察信息页面中的工程侦察一栏中，点击"新增"按钮，弹出任务侦察信息新增页面（侦察信息数据由"采集系统终端"里的采集系统软件所提供），录入任务侦察信息，如图 5-23 所示。

c　任务侦察新增完成页面

用户添加完任务侦察的信息，任务侦察页面得到刷新，如图 5-24 所示。

d　任务侦察预览 PDF 页面

用户确认任务侦察页面信息完整，点击"生成报告"按钮进入任务侦察信息预览 PDF 页面，如图 5-25 所示。再次点击"生成命令"按钮，可下载 PDF（图略）。

图 5-23　任务侦察信息新增侦察页面

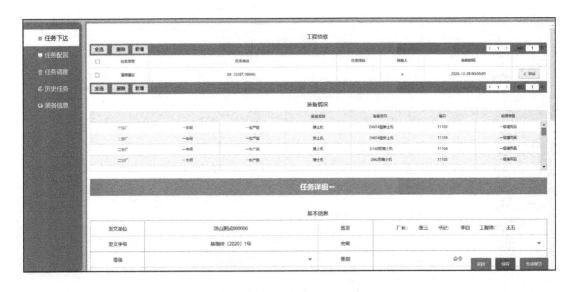

图 5-24 任务侦察新增完成页面

任务名称: *汤山测试6666*   任务代号: 007

任务类型: *道路建设*   任务地点: ×× (3267,18646)

发文单位: *汤山测试666666*   类别: 报告

×× (3267,18646) 道路建设工程侦察报告

×× (3267,18646) 为平原微丘地形, 松软土土壤, 近期天气情况晴。
具体情况如下:

路基工程3000处, 工程量为1000m³; 土石障碍2个, 工程量为1800
m³; 其他情况: a。

侦察人: a

图 5-25 任务侦察预览 PDF 页面

C 方案决策页面

完成任务侦查数据的录入, 用户继续点击页面的"下一步"按钮, 进入方案决策页面。用户在方案决策页面依次选择"决策目标""作业方式"及"决策模型"来进行最优配置方案的生成, 如图 5-26 所示。

D 生成方案决策页面

用户完成任务方案决策调度, 进入生成的决策方案页面。该页面根据选择的模型算法进行计算, 自动合理分配装备数量, 并运算出预计任务的完成时间, 如图 5-27 和图 5-28 所示。

E 方案决策预览 PDF 页面

用户在方案决策页面中完成信息的确认, 点击"生成报告"按钮, 进入预览方案决策的 PDF 页面, 如图 5-29 所示。点击"生成文档"按钮, 下载 PDF 文档至本地。

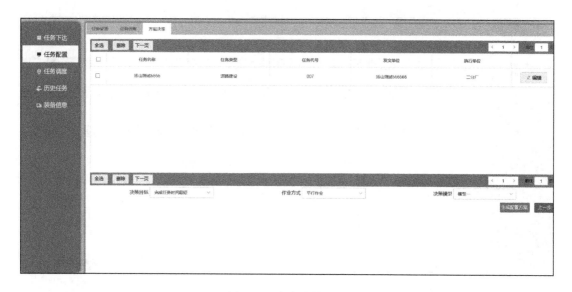

图 5-26 方案决策页面

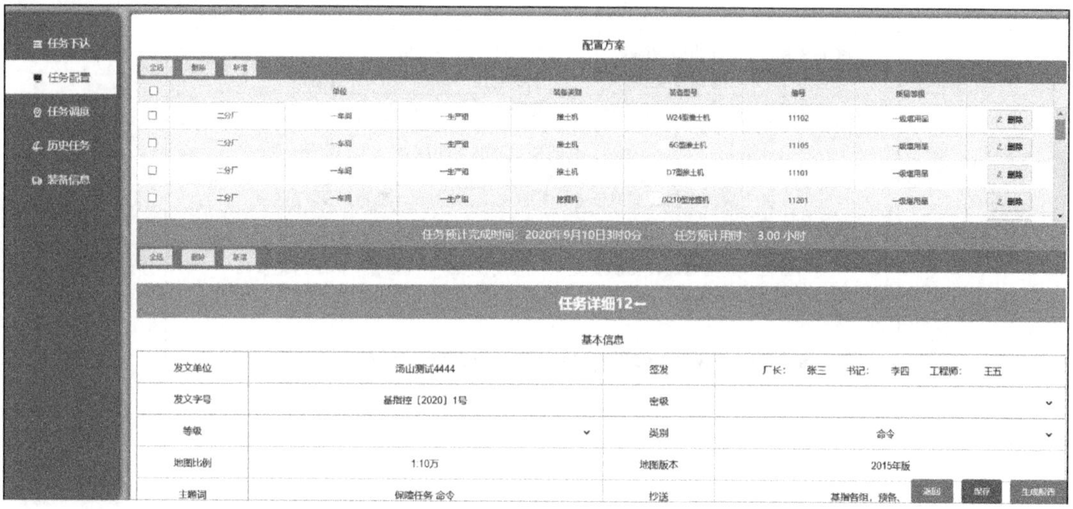

图 5-27 方案决策页面 1

5.2.3.2 功能实现

A 用户实现任务信息查看和删除功能

用户在受领页面，选择一条任务点击表单上的"删除"按钮，可以删除任务信息；选择任务信息末端的"查看"按钮，可以查看任务信息。

B 用户实现任务的方案决策功能

用户在受领页面，选择一个接收的任务点击"下一步"按钮，受领页面跳转至任务侦察页面，在任务侦察页面，完成任务侦察信息录入（任务侦察的信息数据获取由"采集系统终端"里的采集系统软件所提供），点击"下一步"按钮，进入方案决策页面，通过"决策目标""作业方式"及"决策模型"三个决策方案调度，来进行最优配置方案的生成。

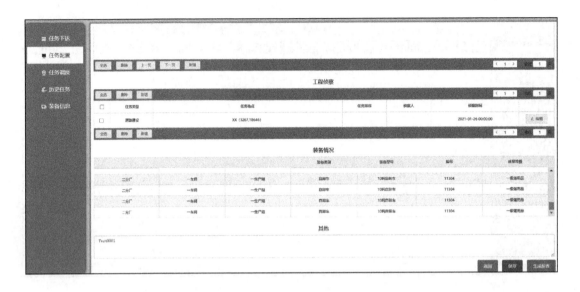

图 5-28 方案决策页面 2

任务名称:	汤山测试6666	任务代号:	007
任务类型:	道路建设	任务地点:	×× (3267,18646)
发文单位:	汤山测试666666	类别:	报告

二分厂汤山测试6666任务决心

分厂决心成两个编组完成任务,重点完成抢修××(坐标)至××(坐标)的道路。

一组由一车间组成,主要负责××(坐标)至××(坐标)的道路抢修任务,采用平行作业方式,于2020年7月27日0时0分前完成。负责人×××。装备编成:

推土机5台、挖掘机5台、装载机3台、自卸车5台、多用工程车0台。

分 厂 长:

分 厂 支 书:

汤山地域

图 5-29 方案决策预览 PDF 页面

C 用户实现决策方案 PDF 电子档下载功能

用户在方案决策页面中确认信息,点击"生成报告"按钮,进行预览方案决策的 PDF 页面,点击"生成文档"按钮,下载 PDF 文档在本地。

5.2.4 任务调度模块

5.2.4.1 页面设计

A 任务调度页面

完成任务配置,进入任务调度页面,页面展示已经配置的装备,如图 5-30 所示。

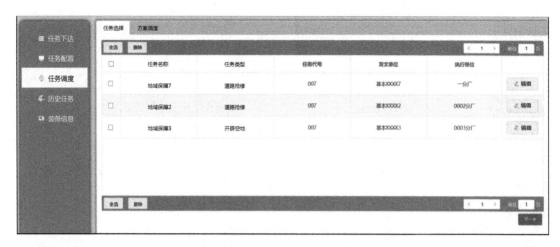

图 5-30 任务调度页面

B 编辑任务进度页面

用户在任务调度页面中点击"编辑"按钮进入任务调度页面,在该页面用户可对任务的进度进行修改(任务进度的数据获取由"采集系统终端"里的采集系统软件所提供),计划进度根据时间实时刷新,如图 5-31 所示。

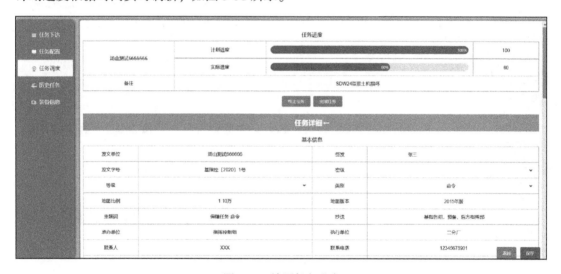

图 5-31 填写任务进度

a 修改任务信息

在任务调度中出现装备损坏情况需添加备注信息,并将损坏的装备删除,用户在页面的配置方案一栏中,选择损坏的装备点击"删除"按钮进行数据的清除操作,如图 5-32 所示。

b 删除有误的装备信息

用户将损坏的装备清除,之前通过模型计算的耗时和完成的时间都再次发生改变,如图 5-33 所示。

图 5-32　删除损坏的装备页面

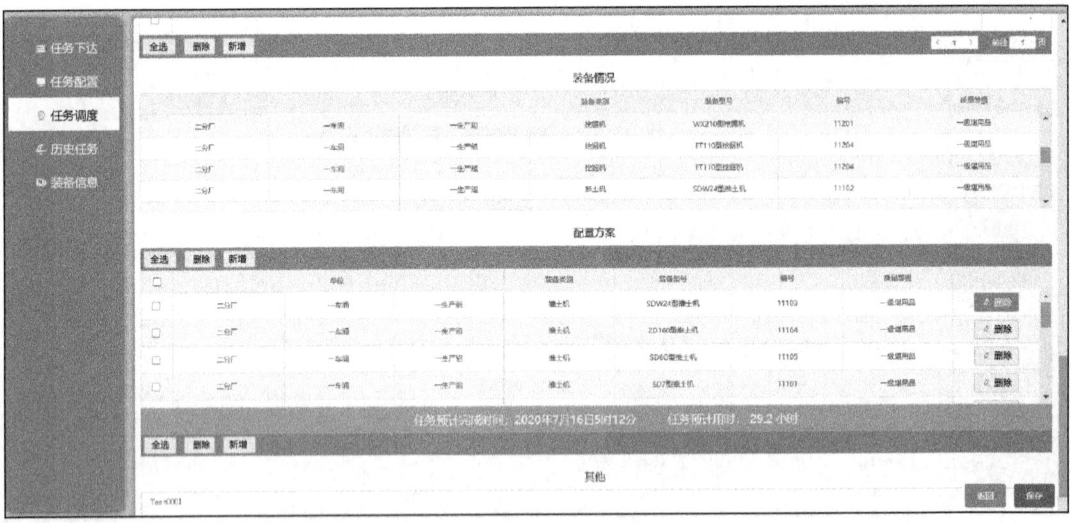

图 5-33　删除损坏的装备之后任务耗时改变页面

C　再次进行决策方案调度

为解决装备损坏导致任务预计完成时间变长的问题，用户将该任务与其他暂时未完成且可操作的任务一起选择，点击"下一步"按钮进入方案调度，重新进行装备的分配，如图 5-34 所示。

D　新的决策方案

用户根据新的"决策目标"与"决策模型"进行最优的装备分配，并生成新决策方案页面，如图 5-35 所示。

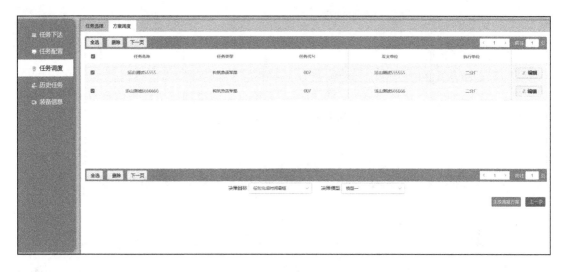

图 5-34　方案调度页面

图 5-35　新决策方案页面

5.2.4.2　功能实现

A　用户修改任务实际进度信息功能

完成任务配置，进入任务调度页面，页面展示已经配置的装备，可在任务调度页面修改任务的实际进度（任务实际进度的数据获取由"采集系统终端"里的采集系统软件所提供），计划进度条实时刷新，若有装备损坏需添加备注信息，并将损坏的装备删除，使得任务耗时延长。

B　用户重新进行决策方案调度

为解决装备损坏而导致任务耗时变长的问题，将该任务和其他暂时未完成的任务一起选择，进行新的决策方案调度。根据"决策目标""决策模型"两个决策方案调度，重新进行模型计算分配，生成新调度方案页面。

5.2.5 历史任务模块

5.2.5.1 页面设计

A 历史任务页面

用户点击左侧的"历史任务"菜单按钮，系统页面切换到历史任务信息页面，可以查看历史任务列表，用户可在该页面进行历史任务数据的查询，如图 5-36 所示。

图 5-36 历史任务信息页面

B 历史任务详细信息页面

用户选择一条历史任务信息，点击任务信息末端的"详情"按钮，进入历史任务的详细信息页面，如图 5-37 所示。

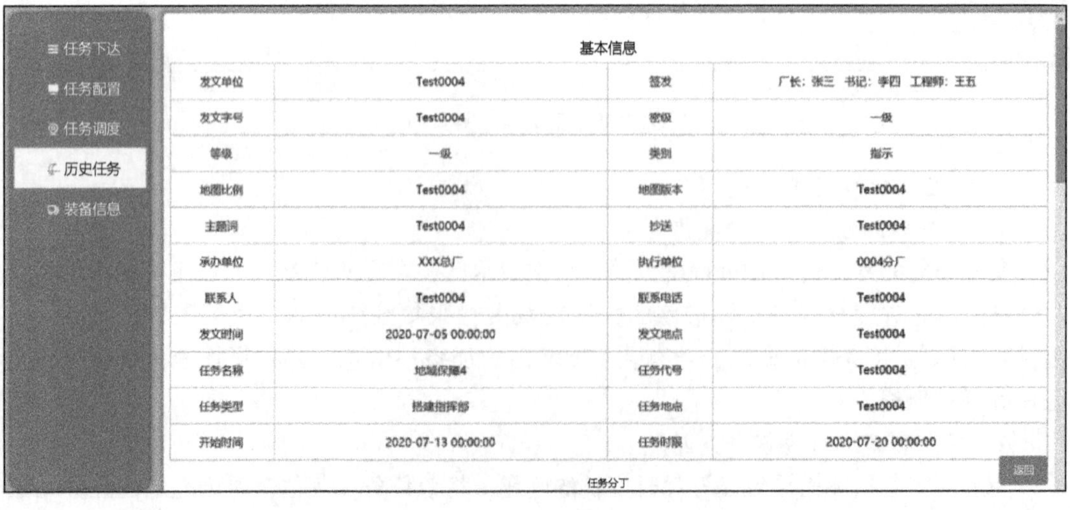

图 5-37 查看历史任务详情

C 查询历史任务信息页面

在历史任务信息页面，用户通过选择不同的查询条件来搜索历史任务信息，如图 5-38 所示。

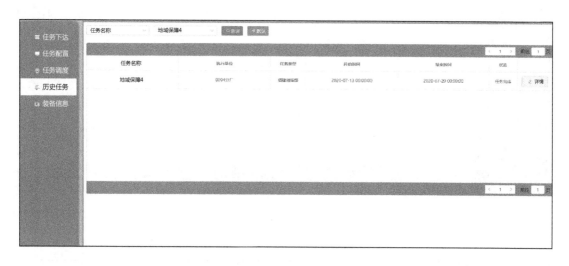

图 5-38 搜索历史任务

5.2.5.2 功能实现

A 用户查看历史任务菜单

用户点击左侧的"历史任务"菜单按钮，系统页面切换到历史任务信息页面，页面展示历史任务信息列表。

B 用户查询历史任务详情功能

用户在历史任务信息表单中选择一条历史任务信息，点击该信息末端的"详情"按钮，系统页面跳转至此历史任务的详细信息页面。

C 用户使用条件查询功能

在历史任务信息页面，用户通过不同的查询条件来搜索需要的历史任务信息。

5.2.6 装备信息模块

5.2.6.1 页面设计

A 装备信息页面

用户点击左侧的"装备信息"菜单按钮，系统页面切换到装备信息页面，页面展示装备信息列表，用户在装备信息页面可进行装备数据的新增、修改、查询及删除操作，如图 5-39 所示。

B 新增装备信息页面

在装备一栏中，用户点击"新增"按钮，进入装备的新增页面，填写完成确认即可，如图 5-40 所示。

C 装备详情信息页面

在装备一栏中，用户点击"编辑"按钮可以查看或修改装备信息，如图 5-41 所示。

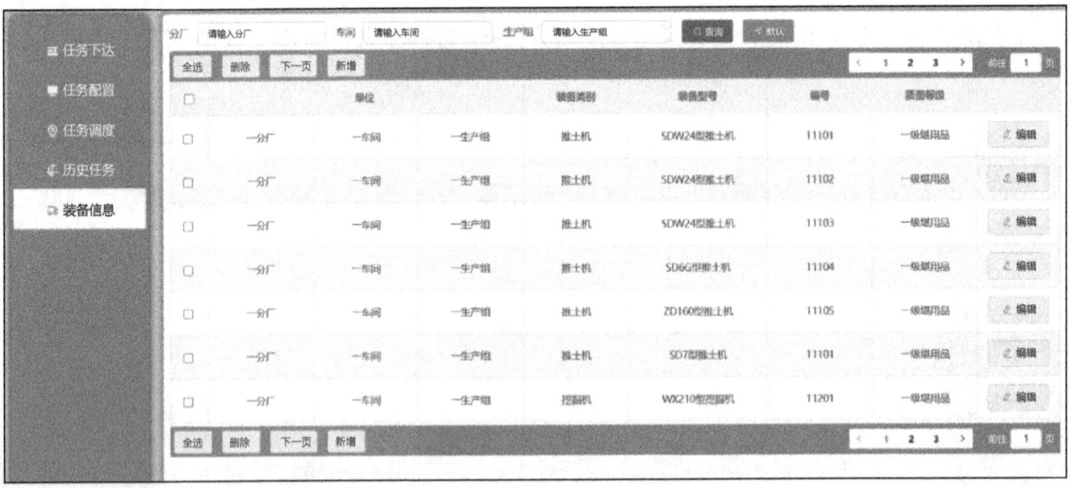

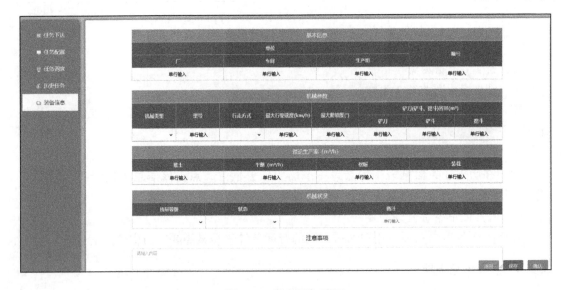

图 5-39 装备信息页面

图 5-40 装备添加页面

D 搜索装备信息页面

在装备一栏中，用户通过在搜索框输入查询信息来查询装备信息，可进行模糊查询，如图 5-42 所示。

5.2.6.2 功能实现

A 用户查看"装备信息"页面

用户点击"装备信息"进入装备信息页面，页面展示装备信息表单。

B 用户新增装备功能

用户在装备信息页面，点击装备信息表单上的"新增"按钮，进入新增装备信息页面，填写完成点击"确认"按钮即可。

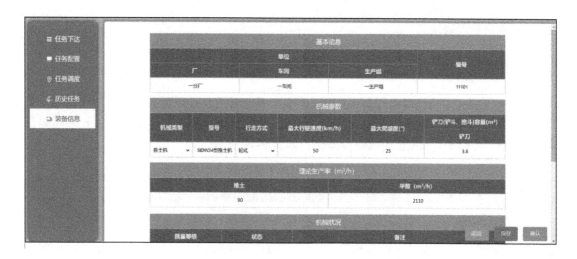

图 5-41 装备详情信息页面

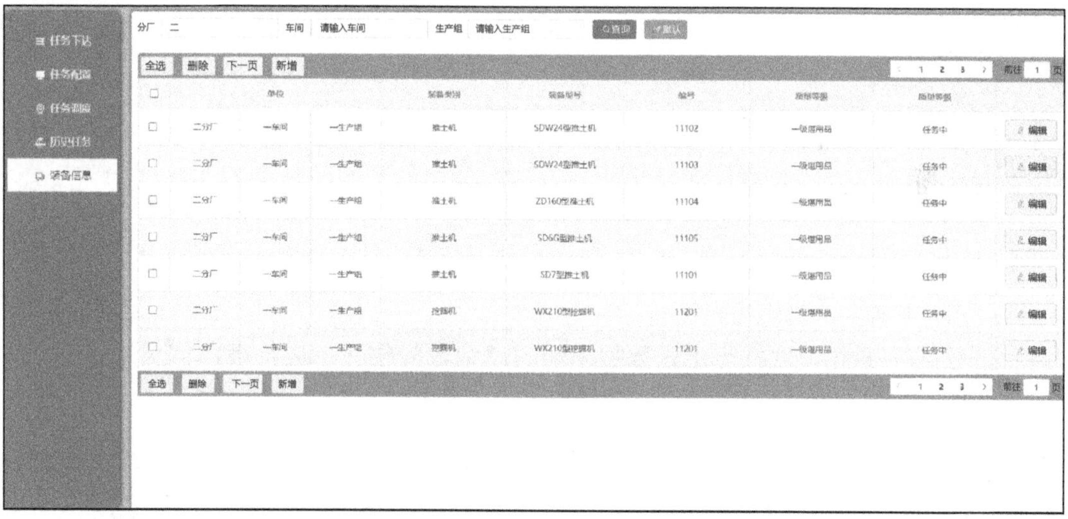

图 5-42 搜索装备信息页面

C 用户修改装备信息功能

用户选择一条装备信息，点击装备信息末端中的"编辑"按钮，可以查看和修改装备的详细信息，点击"确认"按钮即可保存信息，点击"返回"按钮回到装备信息页面。

D 用户使用条件查询功能

在装备信息页面中，用户通过模糊搜索来搜索想要的装备信息。

E 用户删除装备信息功能

在装备信息页面中，用户选择不需要的装备信息点击表头上的"删除"按钮，弹出删除确认窗口，点击"确认"按钮进行装备信息的删除，点击"取消"按钮关闭弹窗。

5.2.7　用户管理模块

5.2.7.1　页面设计

A　用户管理界面

用户点击顶部导航栏的"用户管理"按钮，切换到用户管理页面，展示用户信息。页面表单展示用户的用户名、密码、类型、职级、姓名、电话号码、状态、注册时间等信息。用户管理界面只允许管理员账号操作，如图 5-43 所示。

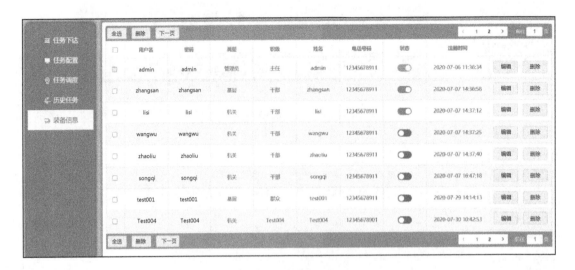

图 5-43　用户管理页面

a　用户管理——编辑用户页面

用户选择一条用户数据点击该数据末端的"编辑"按钮，进行用户信息的修改，如图 5-44 所示。

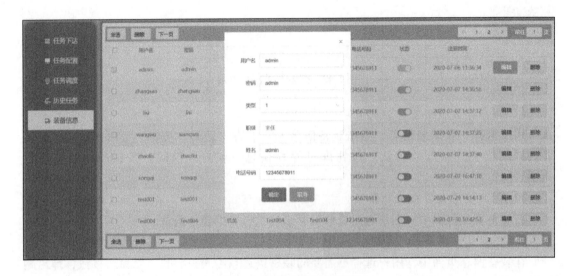

图 5-44　编辑用户信息页面

b 用户管理——删除用户页面

用户选择一条用户数据点击该数据末端中的"删除"按钮，弹出确认窗口，点击"确认"即可删除用户数据，点击"取消"关闭窗口取消删除操作，如图 5-45 所示。

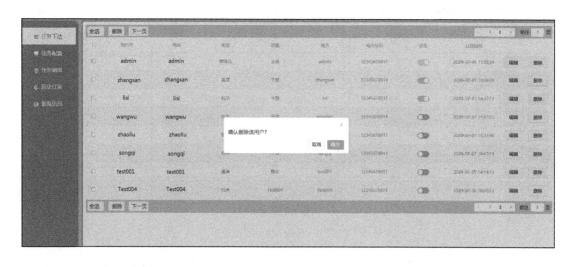

图 5-45 删除用户页面

c 用户管理——审核用户页面

在注册页面进行注册的新用户，无法进行正常的系统登录，需管理者在此页面对新注册的用户信息进行审核，审核通过则该注册的新用户可以正常登录系统，审核不通过则不可登录，如图 5-46 所示。

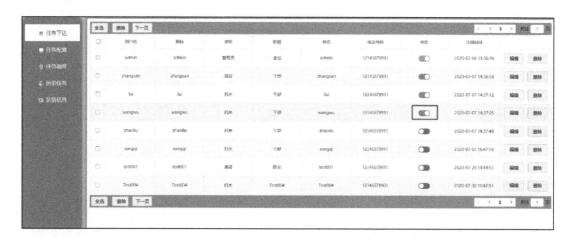

图 5-46 审核用户页面

B 用户名按钮页面

点击顶部导航栏的"用户名"按钮，展示下拉栏，分为"修改密码"和"个人信息"两个子菜单，如图 5-47 所示。

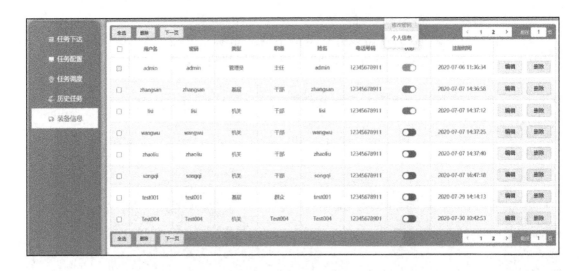

5-47 用户名按钮页面

C 修改密码页面

用户点击"修改密码"按钮，进入修改登录用户的密码页面，如图 5-48 所示。

图 5-48 修改登录用户的密码页面

D 个人信息页面

用户点击"个人信息"按钮，进入查看登录用户的个人信息页面，如图 5-49 所示。

5.2.7.2 功能实现

拥有"用户管理"模块权限的管理者才可对此页面进行操作。

A 用户管理的功能

用户点击"用户管理"按钮，进入用户管理页面，管理者在用户信息表单中选择一条用户信息，在信息的末端点击"编辑"按钮，弹出编辑用户信息的弹窗，可以修改用户

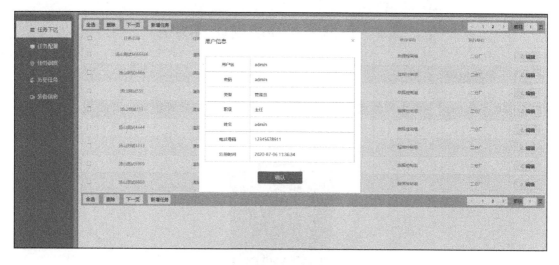

图 5-49 查看登录用户的个人信息页面

名、密码、类型、职级、姓名及电话号码信息，修改用户信息完毕，点击"确定"按钮保存修改的数据，点击"取消"按钮关闭弹窗取消本次修改的操作；在信息的末端点击"删除"按钮，弹出删除确认窗口，点击"确认"按钮删除用户信息，同时为注销该用户账号，用户将无法使用该账号进行系统登录，点击"取消"按钮取消本次删除的操作；在用户信息表单的状态一栏中，可对用户账号进行的审核操作，显示绿色则为通过审核，显示红色则为审核失败。

　　B　用户修改个人信息功能

　　用户点击"用户名"按钮出现下拉菜单，分为"修改密码"和"个人信息"两栏菜单。用户点击"修改密码"按钮，弹出修改密码窗口，输入原始密码、新密码，点击"确认"按钮，系统进行验证，验证成功返回主页，验证失败弹出错误信息，点击"取消"按钮关闭弹窗不做修改。用户点击"个人信息"按钮，弹出用户的个人信息窗口，展示用户名、密码、类型、职级、姓名、电话号码、注册时间信息。

5.2.8　系统软件技术实现

　　系统为前后端分离的开发模式。技术上后端使用了 SpringBoot+Spring+MybatisPlus，前端使用了 Vue+ElementUI 的流行架构，向外部提供 restful 风格的 api 服务。前端结合matlab 算法实现数据的调度算法。数据的存储采用 mysql 数据库。

　　IntelliJ IDEA：IDEA 全称为 IntelliJ IDEA，是 java 编程语言开发的集成环境。

　　VSCODE：Visual Studio Code（以下简称 vscode）是一个轻量且强大的跨平台开源代码编辑器（IDE），支持 Windows、OS X 和 Linux。内置 JavaScript、TypeScript 和 Node.js 支持，而且拥有丰富的插件生态系统。

　　Navicat：Navicat 是一套快速、可靠并价格相宜的数据库管理工具，专为简化数据库的管理及降低系统管理成本而设。

5.3 信息采集终端设计与实现

5.3.1 产品组成

信息采集终端主要由采集模块、显示模块、采集系统软件等组成，产品展示如图 5-50 所示。

图 5-50 产品展示图

5.3.2 产品主要功能

5.3.2.1 采集模块

(1) 工程机械等装备点熄火状态信息采集与存储；

(2) 工程机械等装备行驶速度信息采集与存储；

(3) 工程机械等装备作业时间信息采集与存储；

(4) 工程机械等装备作业位置信息采集与存储；

(5) 工程机械等装备作业轨迹信息采集与存储；

(6) 采集终端自身供电状态信息采集与存储。

5.3.2.2 显示模块

(1) 从采集模块导出其存储的数据进行显示及本机存储；

(2) 用于安装及操作使用采集系统，并保障其稳定运行。

5.3.2.3 采集系统软件

采集系统软件主要用于将采集模块采集到的装备点熄火信息、行驶速度信息、作业时间信息、位置信息、轨迹信息等导入显示模块上，并结合离线地图，进行装备轨迹回放、行驶速度、作业时间、位置等信息展示。

A 采集系统软件页面设计

a 登录页面

登录页面由用户名和密码输入框组成，如图 5-51 所示。

图 5-51 登录页面

b 新增任务作业页面

信息采集系统首页默认为信息录入页面模块，页面的数据依次展示为任务类型、任务地点、勘察人、开始时间和结束时间。任务信息数据同步于"工程机械机群智能化运用与决策系统"中的任务下达模块的任务信息数据。用户在信息录入页面进行不同任务的现场环境信息、作业进度信息等的数据录入和保存操作，也可以进行按任务类型、时间检索两种查询方式进行任务信息的搜索。

此页面的采集到的任务侦察数据为"工程机械机群智能化运用与决策系统"中的任务配置里的任务侦察数据提供了依据。

用户在页面中选择一个任务类型的按钮点击进入新增页面，填写基本信息，点击"确定"按钮保存信息。信息录入首页及新增作业信息录入页面分别如图 5-52 和图 5-53 所示。

图 5-52 信息录入首页

图 5-53　新增作业信息录入页面

c　修改任务作业页面

用户选择一条任务信息，点击数据末端的"修改"按钮进入修改页面，修改完基本信息，点击确定即可保存，任务信息数据的修改里包括任务的进度和备注，为"工程机械机群智能化运用与决策系统"中的任务调度模块提供了任务进度的数据，以及任务进展情况。修改作业信息页面如图 5-54 所示。

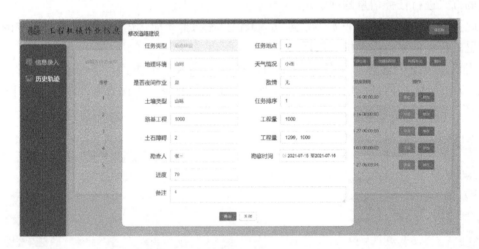

图 5-54　修改作业信息页面

d　删除任务作业页面

用户多选或单选需要删除的任务作业信息，点击"删除"按钮，在弹出删除提示框中选择"确认"或"取消"按钮进行删除确认操作。删除作业信息页面如图 5-55 所示。

e　历史轨迹页面

用户通过选择不同的任务类型和不同日期时间段，来进行历史轨迹的回放，如图 5-56所示。

图 5-55 删除作业信息页面

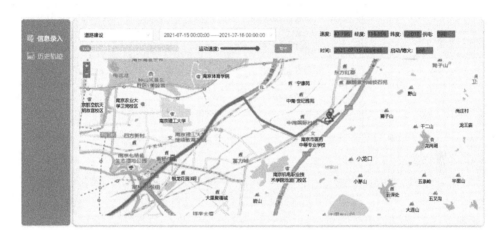

图 5-56 历史轨迹回放页面示意图

B 功能实现

（1）用户实现登录功能。

（2）用户打开工程机械信息采集系统软件，用户再输入用户名和密码，验证通过即可进入首页，验证不通过不进入页面并提示错误信息。

（3）任务信息新增。用户选择一个任务类型按钮，点击进入新增任务页面，在新增页面填写基础任务信息（任务信息的数据同步于"工程机械机群智能化运用与决策系统"中的任务下达模块提供的任务信息数据），点击保存即可。

（4）任务信息修改。用户选择需要修改的作业信息，点击末端的"修改"按钮进入修改页面，填写修改信息，点击保存。

（5）任务信息删除。用户多选或者单选选择不需要的作业信息，点击"删除"按钮，完成删除操作。

（6）历史轨迹回放。用户点击左侧导航栏中历史轨迹模块，在历史轨迹模块界面中，用户选择任务类型、日期时间来进行历史轨迹在二维地图上的演示，并可进行任务作业行驶轨迹路线回放展示。

5.3.3 系统主要性能参数

系统主要性能参数见表5-1。

表 5-1 系统主要性能参数

序号	项目	技术参数
1	工作电压	9~36VDC
2	工作温度	-10~50℃
3	存储温度	-20~60℃
4	定位模式	支持北斗定位
5	位置精度	≤10m
6	速度精度	≤0.2m/s
7	重捕获时间	≤2s
8	存储容量	64G
9	数据接口	USB2.0
10	天线接口	SMA

6 工程机械机群智能化运用与决策系统应用

用户在系统中下达多个任务，完成任务的基本信息配置，即可通过录入相关的数据开始任务调度。本系统可以根据需求分配进行单任务或进行多任务两种模式，来解决任务。

在进入任务调度页面可以看到所有的任务，本章分别介绍这两种任务模式的应用案例。

6.1 单任务应用案例

单任务从"任务配置"页面获取，进行任务的侦察，根据决策目标（决策分为任务完成时间最短和分配装备数量最少）生成最优的调度方案。

在任务进行中，若完成任务，只需修改任务的进度（任务进度的数据获取由"采集系统终端"里的采集系统软件所提供），完成任务，任务数据将转移至历史任务中。

若任务出现特殊情况，如装备机器的损坏，导致任务预计完成的时间延长，需要对装备重新进行任务调度，因此在任务信息当中补充相关的装备损坏情况，并删除相关的装备数据。在任务调度中，选择新的"方案调度"来进行新的方案配置。

单任务应用案例流程图如图 6-1 所示。

6.1.1 任务下达

在"任务下达"模块中，点击任务表单数据左上角的"新增任务"按钮，进入任务的新增页面。如图 6-2 所示。

进入"新增任务"页面，进行相关任务数据的录入，点击"返回"按钮，此次录入的任务数据不做保留；点击"保存"按钮会将此次的任务数据作为模板保存，便于为下一次的"新增任务"操作提供任务数据基础；任务数据完成录入，点击"生成命令"按钮进入任务下达完成页面，并以 PDF 模板的形式展示完整的任务信息。如图 6-3 所示。

在 PDF 模板页面若要下载电子文本信息，点击"生成文本"按钮，将任务信息以 PDF 电子文档形式下载至本地；若不下载文本信息，点击"返回"按钮返回"任务下达"页面。如图 6-4 和图 6-5 所示。

6.1.2 单任务接收

机关单位下达任务，基层单位接收机关下达的任务，在"任务配置"模块中的"任务受领"页面选择需要接收的文件。如图 6-6 所示。

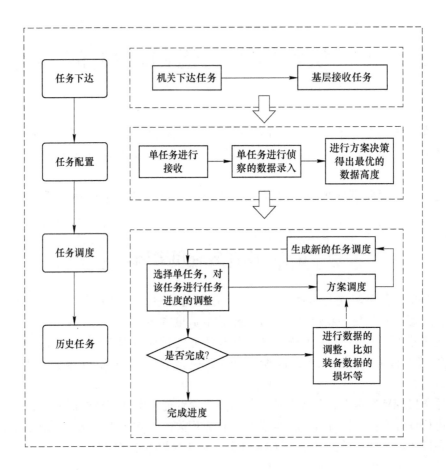

图 6-1 单任务流程图

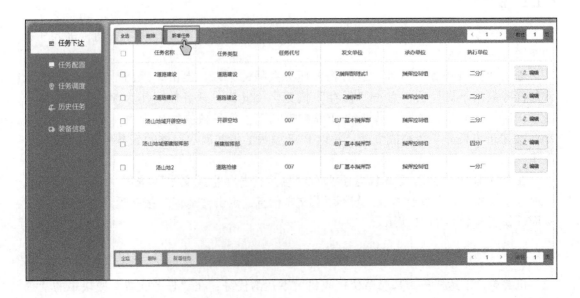

图 6-2 新增任务

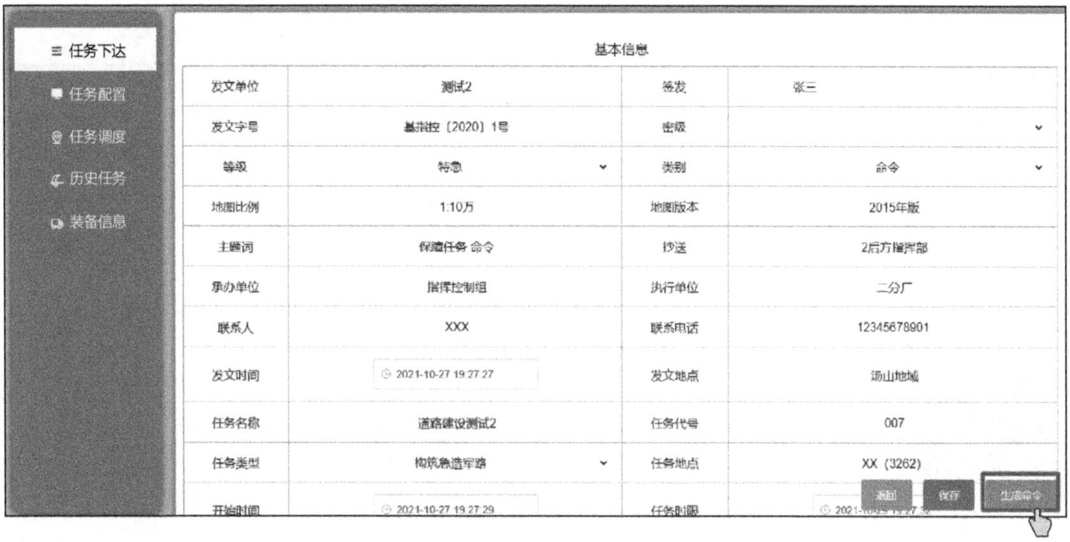

基本信息			
发文单位	测试2	签发	张三
发文字号	基指控〔2020〕1号	密级	
等级	特急	类别	命令
地图比例	1:10万	地图版本	2015年版
主题词	保障任务 命令	抄送	2后方指挥部
承办单位	指挥控制组	执行单位	二分厂
联系人	XXX	联系电话	12345678901
发文时间	2021-10-27 19:27:27	发文地点	汤山地域
任务名称	道路建设测试2	任务代号	007
任务类型	构筑急造军路	任务地点	XX (3262)
开始时间	2021-10-27 19:27:29	任务时限	2021-10-27 19:27

图 6-3 生成命令

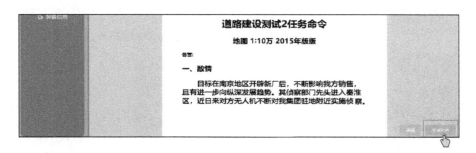

图 6-4 生成文本

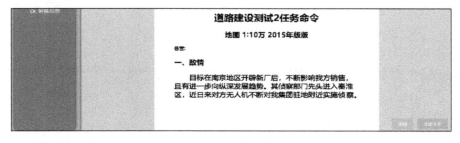

图 6-5 文本下载

选择任务信息，点击任务末端的"查看"按钮，进入任务的详情页面。点击"生成命令"进入 PDF 信息模板预览页面，若要将此文件下载至本地电脑点击"生成文本"按钮，进行文件的下载操作。如图 6-7~图 6-10 所示。

6.1.3 单任务侦察

单任务信息确定无误，进行数据的侦察信息的录入，选择单任务点击右下角的"下一步"操作，进入任务侦察页面。如图 6-11 所示。

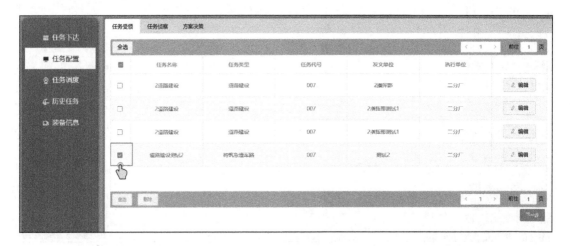

图 6-6   单任务受领选择

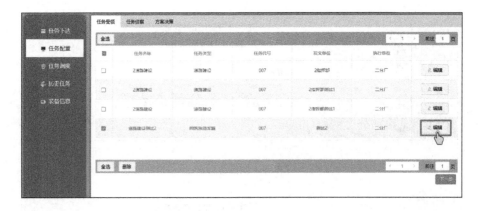

图 6-7   选择单任务点击查看按钮

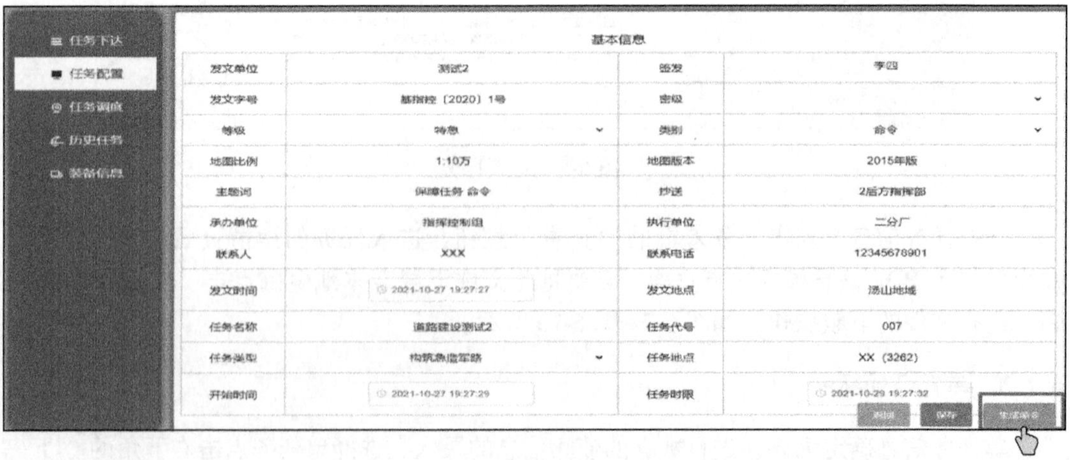

图 6-8   修改单任务进行新的 PDF 生成

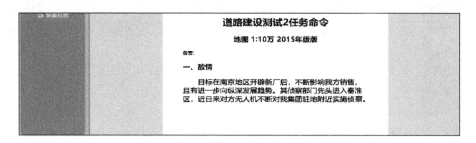

图 6-9 选择单任务下载单任务模板信息

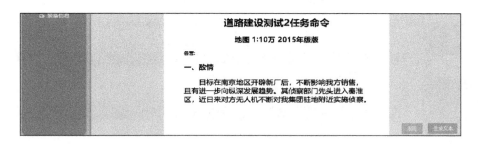

图 6-10 选择单任务模板信息下载提示

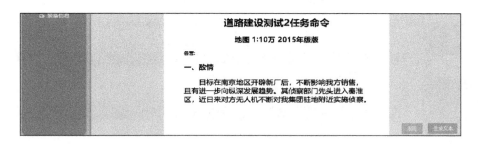

图 6-11 选择单任务进行下一步任务侦察操作

在"任务侦察"页面，在该任务的最右侧点击"侦察"按钮，进入任务侦察信息录入页面，如图 6-12 所示。

进入"任务侦察录入"页面，在工程侦察一栏中，点击"新增"按钮弹出侦察信息录入窗口，录入相关的侦察信息（侦察信息数据由"采集系统终端"里的采集系统软件所提供），侦察信息检查完毕点击"确认"按钮关闭弹窗，将侦察的信息保存，点击"任务侦察录入"页面中的"保存"按钮确认数据无误，回到"任务侦察"页面如图 6-13 ~图 6-15 所示。

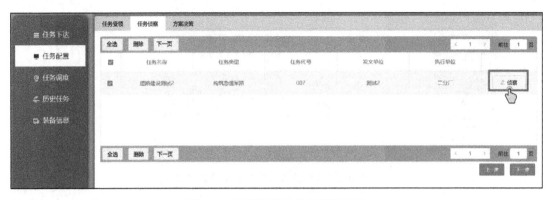

图 6-12 选择单任务点击侦察按钮

图 6-13 新增单任务的侦察数据

图 6-14 完成单任务的侦察数据录入

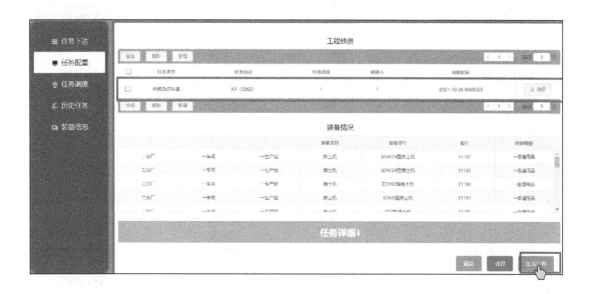

图 6-15　单任务侦察信息录入完毕回到任务侦察页面

回到"任务侦察"页面，点击下一步进入任务决策页面如图 6-16 所示。

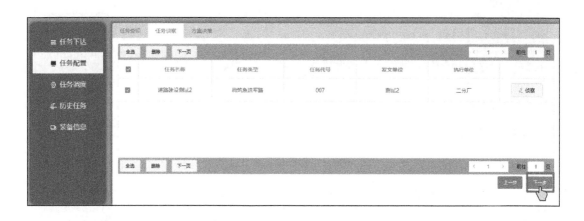

图 6-16　任务侦察页面点击下一步

6.1.4　单任务决策

在方案决策页面中依次选择决策目标、作业方式及决策模型三个决策方案，点击"生成配置方案"按钮进入生成最优配置的方案页面，该页面主要是给出合理的装备分配，通过模型算法给出"预计完成时间"及"任务预计用时"。具体如图 6-17 和图 6-18 所示。

在最优配置方案页面中点击"生成报告"按钮，进入任务信息 PDF 页面预览页面，在该页面点击"生成文档"按钮，将文件以 PDF 的形式下载至本地电脑中。具体如图 6-19 和图 6-20 所示。

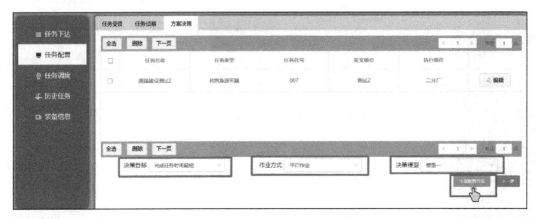

图 6-17 选择单任务进行任务决策

图 6-18 单任务最优配置方案

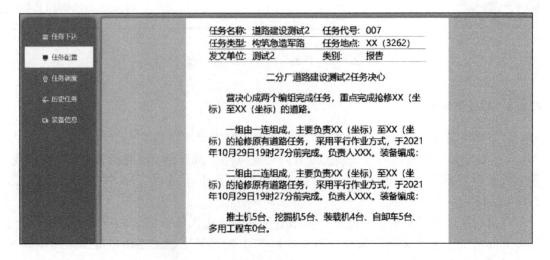

图 6-19 单任务最优配置方案 PDF 预览页面

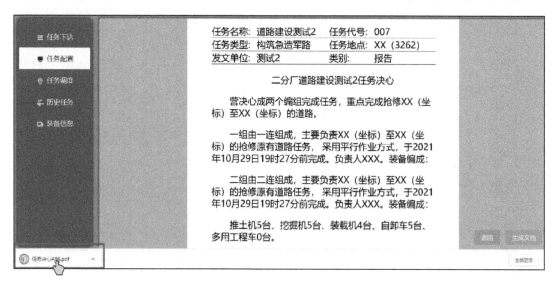

图 6-20 单任务最优配置方案 PDF 下载

6.1.5 单任务进度

任务第一次决策完成，进入"任务调度"页面，在"任务调度"模块中展示的是已决策的最优方案执行任务信息，选择一条任务信息，点击该数据末端的"编辑"按钮，进入任务的"任务进度"页面。如图 6-21 所示。

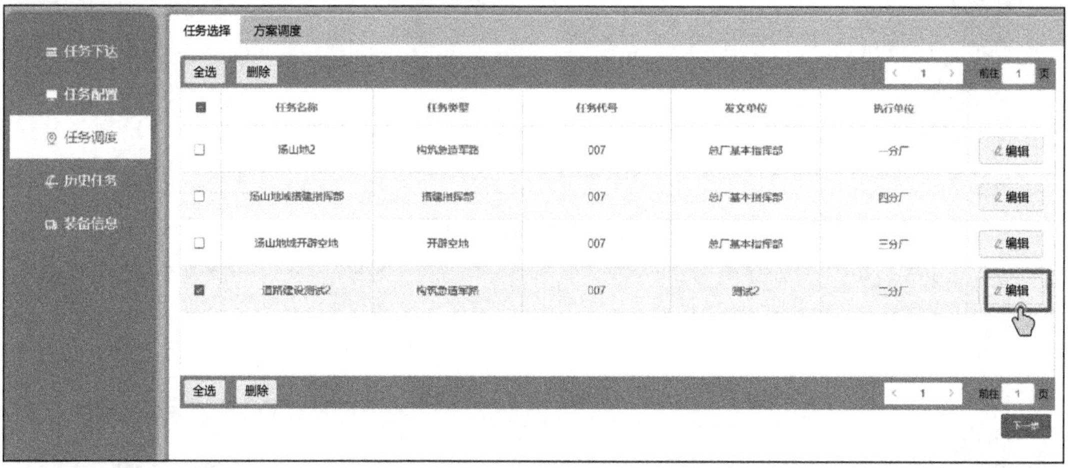

图 6-21 最优分配任务进入进度调整

进入"任务进度"页面，"计划进度"是通过算法自动进行进度的调整，"实际进度"则是手动录入最新的进度（任务进度的数据获取由"采集系统终端"里的采集系统软件所提供），如图 6-22 所示。

进入"任务进度"页面，任务出现特殊情况时，进行备注，如图 6-23 所示。若装备的损坏，需要在配置方案中删除已损坏的装备，如图 6-24 所示。数据修正完成点击"保存"按钮即可，如图 6-25 所示。

图 6-22 任务进行进度调整

图 6-23 任务备注特殊情况

图 6-24 任务删除损坏的装备

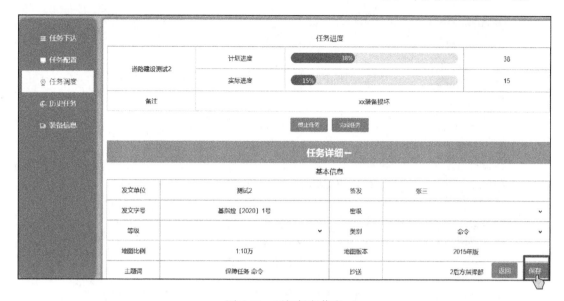

图 6-25　更新任务信息

若任务没有特殊情况发生，且任务已经完成点击"完成任务"按钮如图 6-26 和图 6-27 所示，即任务完成，该信息进入历史任务。若任务中途被迫终止，需要进行录入终止的原因，并在页面中点击"终止任务"按钮以结束任务，数据进入历史任务中。具体如图 6-28 和图 6-29 所示。

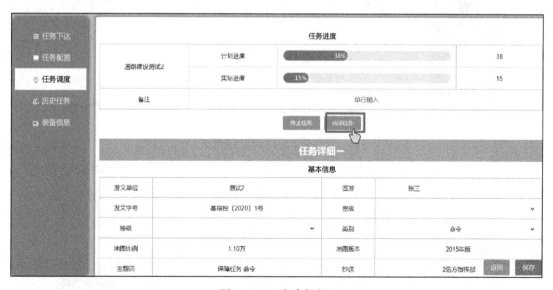

图 6-26　"完成任务"

6.1.6　单任务调度

完成任务的更新，在"任务调度"模块选择任务，点击"下一步"按钮进入"方案调度"页面，如图 6-30 所示。在"方案调度"页面选择新的决策目标进行新的方案调度获取。如图 6-31 所示。

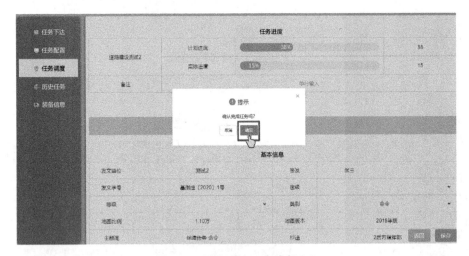

图 6-27 再次确认"完成任务"

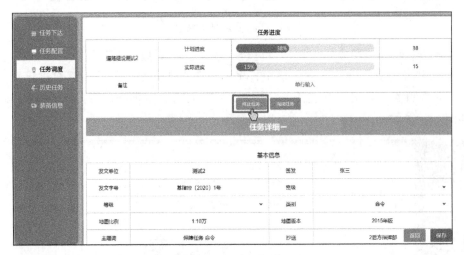

图 6-28 "终止任务"

图 6-29 再次确认"终止任务"

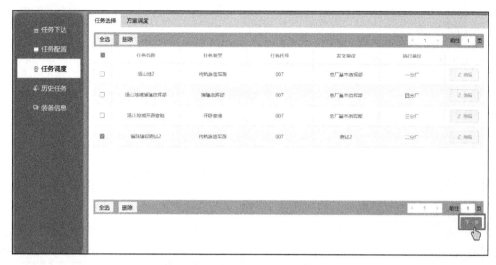

图 6-30　单任务进行新的方案决策

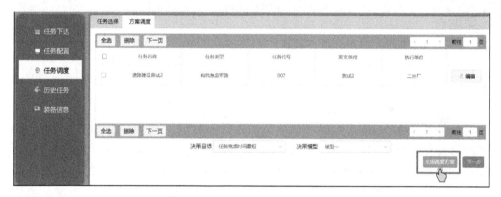

图 6-31　单任务生成新的配置方案

形成新的方案调度，中间的调度方案是对现有装备补充的数据，如图 6-32 所示。

图 6-32　单任务新的配置方案

6.1.7 历史任务

可在历史任务中查询完成的任务情况。如图 6-33 所示。

图 6-33 历史任务

6.2 多任务应用案例

多任务操作是对若干任务进行方案的决策。可以把多任务看作多个单任务同时开始。基层单位同时接受多个任务进行方案决策时，需要对这些任务分别进行侦察信息的补充（任务侦察的数据获取由"采集系统终端"里的采集系统软件所提供），以满足多任务在通过"决策目标""作业方式"及"决策模型"三个调度方案，能够合理地将总装备库中的装备分配给每个任务当中，生成最佳配置方案。

在任务调度界面根据任务完成情况调整总任务进度（任务进度的数据获取由"采集系统终端"里的采集系统软件所提供）。

多任务应用案例流程图如图 6-34 所示。

6.2.1 任务下达

多任务的创建和单任务一致，先由机关单位进行任务的下达，每次下达都是单条任务的创建。

在"任务下达"界面由机关单位在右侧的页面中进行任务的逐条创建，具体新增任务细节可参考 6.1 节单任务应用案例的任务下达情况。

6.2.2 多任务接收

任务由机关单位下发，基层单位可对任务进行接收，可以对多个任务同时进行调度处理。选择两个或两个以上的任务，在确认信息无误（点击任务信息末端的"查看"按钮可以展示该数据的所有详细信息），点击"下一步"按钮进入"任务侦察"页面，如图 6-35 所示。

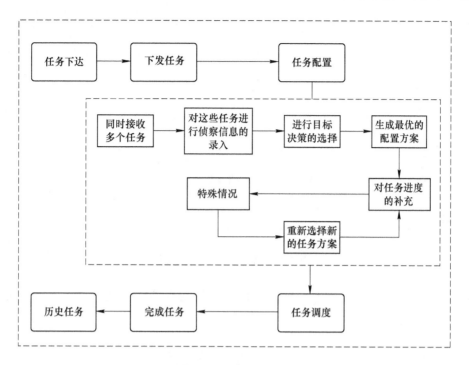

图 6-34　多任务流程图

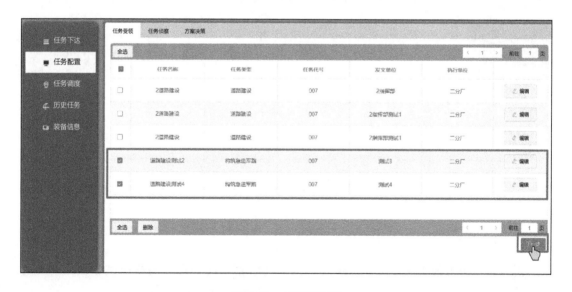

图 6-35　多任务受领

6.2.3　多任务侦察

接受多个任务，在该页面分别补录相关的侦察信息，点击页面的"侦察"按钮可进行侦察任务信息的补录（侦察信息数据由"采集系统终端"里的采集系统软件所提供），如图 6-36 所示。

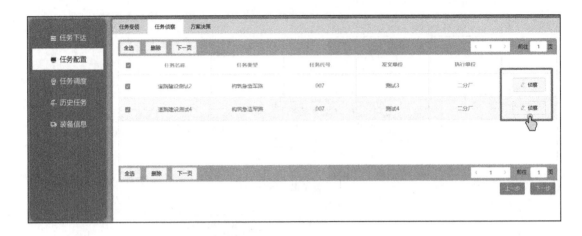

图 6-36　多任务侦察信息补录

多任务的侦察信息补录完成，点击页面的"下一步"按钮，进入方案决策页面，如图 6-37 所示。

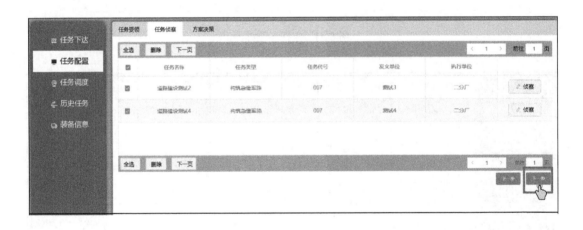

图 6-37　多任务侦察信息补录完成进入"下一步"

6.2.4　多任务决策

进入多任务方案决策，选择"决策目标""作业方式"及"决策模型"三个调度方案，通过模型算法生成最优的方案调度页面，如图 6-38 和图 6-39 所示。

6.2.5　多任务进度

多任务形成最优的任务调度展现在"任务调度"页面里，点击"编辑"按钮进入任务进度修改页面（任务进度的数据获取由"采集系统终端"里的采集系统软件所提供），计划进度为系统自动分配的进度，实际进度为手动录入的进度数据，可根据实际情况进行任务的完成或者结束，具体如图 6-40～图 6-42 所示。

图 6-38 多任务方案决策

图 6-39 多任务最优方案调度

图 6-40 多任务最优方案页面

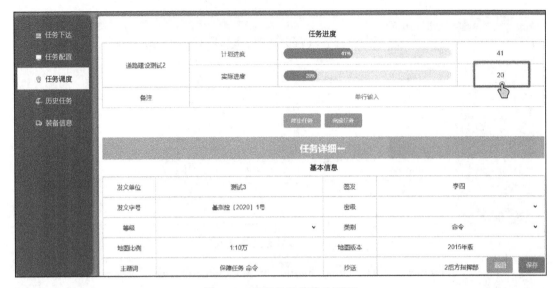

图 6-41 多任务进度修改页面

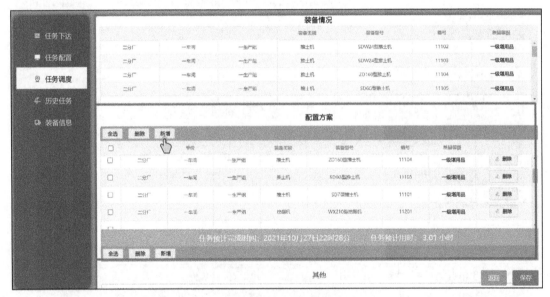

图 6-42 多任务装备数据的变动

当任务意外终止时，点击"终止任务"按钮，终止任务。若任务在进行中没有再次发生特殊情况，依据实际情况进行任务的进度的修改，或点击"完成任务"按钮以便完成任务，如图 6-43 所示。

6.2.6 多任务调度

若是出现特殊情况，不能按时完成任务时，可以选择多个任务进行同时调度分配，如图 6-44 所示。

进入任务调度页面，选择合适的"决策目标"和"决策模型"进行二次调度，生成新的任务调度方案，具体如图 6-45 和图 6-46 所示。

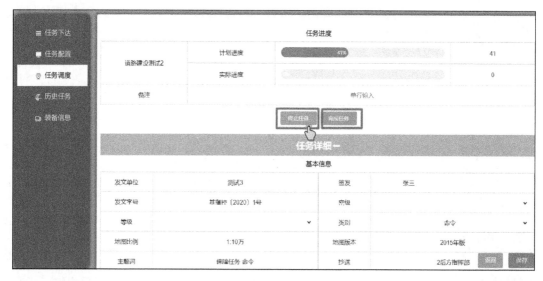

图 6-43 多任务完成或终止操作

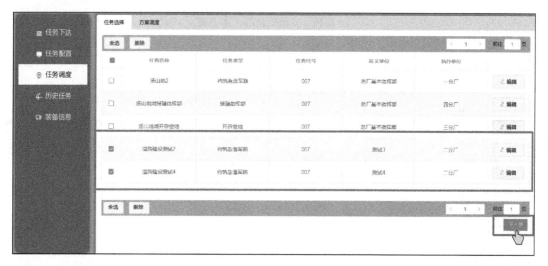

图 6-44 多任务进行新的任务调度

图 6-45 多任务流程图

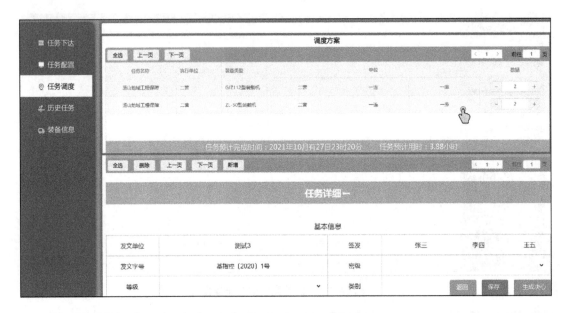

图 6-46 多任务新的调度方案

6.2.7 历史任务

任务完成，进入历史任务页面，页面保存相关历史任务记录，如图 6-47 所示。

图 6-47 历史任务